Higiene en la ganadería: buenas prácticas. AGAN004PO

Jaime González Romero

ic editorial

Higiene en la ganadería: buenas prácticas. AGAN004PO
© Jaime González Romero

1ª Edición

© IC Editorial, 2025

Editado por: IC Editorial
c/ Cueva de Viera, 2, Local 3
Centro Negocios CADI
29200 Antequera (Málaga)
Teléfono: 952 70 60 04
Fax: 952 84 55 03
Correo electrónico: iceditorial@iceditorial.com
Internet: www.iceditorial.com

ISBN: 978-84-1184-573-1
Depósito Legal: MA 143-2025

Impresión: PODiPrint
Impreso en Andalucía – España

Nota de la editorial: IC Editorial pertenece a Innovación y Cualificación S. L.

Especialidad formativa

Se entiende por especialidad formativa la agrupación de contenidos, competencias profesionales y especificaciones técnicas que responde a un conjunto de actividades de trabajo enmarcadas en una fase del proceso de producción y con funciones afines.

Las especialidades formativas de Uso General, Formación Complementaria, Formación Modular y las especialidades formativas dirigidas a la obtención de certificados de profesionalidad se incluyen en el Fichero de Especialidades del Servicio Público de Empleo Estatal para su gestión en todo el territorio nacional por cualquier Administración competente.

Las especialidades complementarias, pertenecen todas a la Familia profesional de Formación Complementaria (FCO) y tienen la consideración de formación transversal en áreas que se consideran prioritarias tanto en el marco de la Estrategia Europea para el Empleo y del Sistema Nacional de Empleo como en las directrices establecidas por la Unión Europea. Se consideran áreas prioritarias las relativas a tecnologías de la información y la comunicación, la prevención de riesgos laborales, la sensibilización en medio ambiente, la promoción de la igualdad, la orientación profesional y aquellas otras que se establezcan por la Administración competente.

Las especialidades de Certificado de profesionalidad tienen una duración especificada en su normativa reguladora.

En el resultado de la búsqueda, se muestran las unidades de competencia, todos los módulos formativos con su duración y las unidades formativas del certificado correspondiente, con su duración. Las horas del certificado, exclusivo de las especialidades de certificado de profesionalidad, con alta igual o superior a 2008, son las horas totales más las horas del módulo de Prácticas Profesionales no Laborales.

➲ **Si la especialidad tiene unidades formativas,** las horas totales, presencial, distancia, teleformación serán igual a la suma de esas horas de las unidades formativas de los distintos módulos, sin que se repita ninguna Unidad formativa.

➲ **Si la especialidad no tiene unidades formativas,** las horas totales, presencial, distancia, teleformación serán igual a las sumas de esas horas de los módulos formativos, eliminando las horas de los módulos repetidos.

https://sede.sepe.gob.es/especialidadesformativas/RXBuscadorEFRED/BusquedaEspecialidades.do

(Fuente: Servicio Público de Empleo Estatal)

Índice

Unidad de aprendizaje 5
Prevención de riesgos laborales

OBJETIVOS GENERALES

Los objetivos generales del **AGAN004PO. Higiene en la ganadería: buenas prácticas** son los siguientes:

- ⮑ Adquirir los fundamentos de buenas prácticas para conseguir una gestión higiénicosanitaria óptima de las explotaciones que faciliten el cumplimiento de la normativa vigente, teniendo en cuenta además la prevención de riesgos laborales.
- ⮑ Proporcionar a los ganaderos, técnicos y demás agentes directrices para asegurar la obtención de productos de animales sanos y bajo condiciones de higiene adecuadas.
- ⮑ Proporcionar al sector español de la vaca nodriza pautas generales de manejo, bienestar y producción en las explotaciones, con el fin de asegurar la calidad y homogeneidad en los sistemas productivos primarios.
- ⮑ Aplicar la reglamentación en materia de higiene de los alimentos, así como en el control de la seguridad alimentaria en las explotaciones de vacuno de cebo.
- ⮑ Descubrir las prácticas recomendadas para el transporte con el objetivo de desarrollarlas en condiciones óptimas de bienestar, higiene y salud animal.
- ⮑ Conocer los aspectos más relevantes para identificar, evaluar y controlar los riesgos presentes en el entorno laboral, teniendo en cuenta la prevención de riesgos laborales.

Caprino de carne y leche. Prácticas de higiene

Contenido

Objetivos

El objetivo general de esta Unidad de Aprendizaje es:

→ Proporcionar a los ganaderos, técnicos y demás agentes directrices para asegurar la obtención de productos de animales sanos y bajo condiciones de higiene adecuadas.

Los objetivos específicos de esta Unidad de Aprendizaje son:

→ Tener una herramienta que sea clara, objetiva y sencilla para gestionar el sistema de producción según la normativa vigente y siendo viable económicamente.

→ Realizar las labores de limpieza e higiene propias de la explotación para un correcto mantenimiento.

→ Comprender las diversas responsabilidades propias de la ganadería caprina con el fin de lograr la producción en óptimas condiciones de higiene y garantizar la seguridad alimentaria.

→ Conocer los registros que se deben guardar en una explotación y la reglamentación a seguir.

→ Diseñar una aplicación práctica para llevar las tareas diarias de mantenimiento e higiene de la explotación, así como los registros necesarios.

1. Introducción

En España, el sector caprino de carne y leche ha experimentado un crecimiento significativo en las últimas décadas, consolidándose como una parte importante de la industria ganadera del país. Tanto la producción de carne como de leche de cabra han visto un aumento en la demanda tanto a nivel nacional como internacional, gracias a la reconocida calidad de los productos españoles y al aumento del interés por alimentos más saludables y sostenibles.

En términos de producción de carne caprina, España ha consolidado su posición como uno de los principales productores europeos con una amplia variedad de razas autóctonas y sistemas de producción adaptados a diferentes regiones geográficas. Las cabras de raza como la malagueña, la murciano-granadina y la verata son algunas de las más destacadas en la producción de carne, con sistemas de producción extensivos y semiextensivos predominantes en muchas áreas del país.

Por otro lado, la producción de leche de cabra en España ha experimentado un crecimiento notable, con un aumento tanto en el número de explotaciones como en la productividad por animal. Las comunidades autónomas de Andalucía, Castilla-La Mancha y Murcia son algunas de las principales productoras de leche de cabra en el país, con una variedad de razas como la murciano-granadina, la malagueña y la florida, adaptadas a diferentes condiciones climáticas y sistemas de producción.

El sector caprino español se enfrenta a diversos desafíos y oportunidades en el contexto actual. Entre los desafíos se incluyen la mejora de la rentabilidad de las explotaciones, la sostenibilidad ambiental, la gestión de enfermedades y la adaptación a los cambios en los patrones de consumo. Sin embargo, también existen oportunidades para la innovación, la diversificación de productos y el acceso a nuevos mercados tanto a nivel nacional como internacional.

En resumen, el sector caprino de carne y leche en España se encuentra en un momento de consolidación y crecimiento, con un gran potencial para seguir desarrollándose y contribuyendo a la economía agrícola del país, así como a la oferta de alimentos de calidad y sostenibles, tanto para el mercado interno como para la exportación.

Para ello, nos vamos a basar en el caso de Santiago, quien tiene el sueño de dedicarse a la ganadería y ha heredado de su abuelo unos alojamientos donde mantenía a sus animales, pero estos eran escasos y estaban dedicados a la producción propia. Por tanto, Santiago quiere profesionalizar la dedicación de su abuelo y ha comprado cabezas de ganado para su nueva explotación, registrando dicha compra en el registro correspondiente.

2. Buenas prácticas de higiene en la producción

 HILO CONDUCTOR

Santiago ha decidido que su explotación sea inicialmente semiextensiva, por lo que ha dividido la explotación en lotes donde estabular a las madres con las crías y dejar a las adultas pastando en el exterior. Además, sigue las recomendaciones para el manejo de la alimentación, puesto que pretende sacar el máximo rendimiento y provecho a su explotación y cuida de que las raciones sean adecuadas, que todos los animales dispongan de agua y alimento suficiente sin entrar en competencia y ha registrado todo lo que indica la normativa.

Asimismo, es muy consciente de las medidas sanitarias de bienestar animal, por lo que sigue las medidas recomendadas para que los animales estén libres de hambre, sed, malnutrición, incomodidades, dolores, enfermedades, lesiones, temores libres para desarrollar su comportamiento animal, etc.

Santiago sigue las indicaciones para las instalaciones, el almacenamiento, la estabulación de las cabras, el ordeño y la limpieza. Para ello, cuenta con un personal cualificado con la suficiente experiencia para su correcta labor.

2.1. Alimentación animal

La alimentación y el programa de racionamientos adecuados son cruciales para la salud, la reproducción y la producción de leche y carne en el ganado caprino. El buen manejo de la alimentación y el agua, junto con un programa sólido de higiene y conservación, asegura la calidad y seguridad de la alimentación animal.

NOTA

Las cabras son animales selectivos en cuanto a la alimentación con forraje, por lo que un buen picado del alimento disminuye este comportamiento.

Alimentos

La alimentación del ganado debe ajustarse a sus necesidades, con una composición equilibrada de nutrientes para un desarrollo óptimo. El manejo alimentario adecuado implica racionar según las demandas del ganado y dividir en lotes específicos, manteniéndolos estabulados para un control efectivo.

NOTA

La moringa oleífera, cultivada como forraje para el ganado, es un árbol originario de la India y recientes estudios científicos demuestran que el uso de sus hojas aporta grandes cantidades de proteínas, vitaminas, minerales y compuestos bioactivos beneficiosos para la salud del animal. Sus hojas también son usadas para el consumo humano.

Según el sistema de explotación encontramos:

Extensivo	Sistema de pastoreo con gran gasto energético del animal, la energía se obtiene de los pastos.
Semiextensivo	Sistema que combina pastoreo y suplementación con pienso, el espacio es más limitado que el anterior.
Intensivo	La alimentación es individualizada con raciones equilibradas que se ajustan a las necesidades diarias.

Las necesidades del rebaño pueden dividirse en:

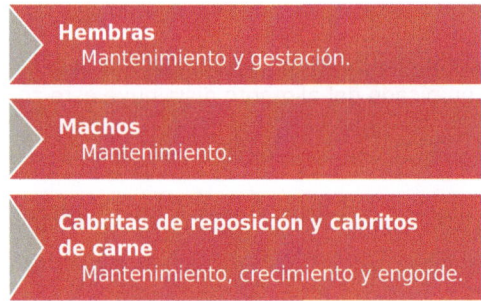

Hembras
Mantenimiento y gestación.

Machos
Mantenimiento.

Cabritas de reposición y cabritos de carne
Mantenimiento, crecimiento y engorde.

Pautas a seguir en la alimentación

A continuación, explicamos las recomendaciones que deben tenerse en cuenta para el correcto manejo de la alimentación:

- **Raciones.** Asegurar que las raciones satisfacen las necesidades fisiológicas, que sean productivas y estas sean equilibradas.
- **Agentes contaminantes.** Evitar la aparición de agentes contaminantes en el forraje.
- **Desequilibrios nutricionales.** Vigilar los posibles desequilibrios nutricionales por los restos de comida y distribuir de forma homogénea el alimento entre los animales.
- **Comederos.** Asegurar el espacio en los comederos para evitar las jerarquías de los animales.
- **Aditivos y medicamentos.** Alimentos como los aditivos y medicamentos deben haber sido autorizados por la autoridad competente y prescripción veterinaria.
- **Calostro.** Asegurar la toma de calostro del cabrito.
- **Lactancia artificial.** En la lactancia artificial, asegurarse de que la leche es adecuada para el cabrito.
- **Residuos fitosanitarios.** No deben presentar residuos fitosanitarios ni el forraje ni el concentrado.
- **Proveedores.** Obtener de los proveedores las referencias de inocuidad del alimento.
- **Registro.** Mantener un registro del control de micotoxinas.

 **DEFINICIÓN**

Micotoxinas
Son sustancias tóxicas producidas por ciertos hongos que pueden contaminar los alimentos y piensos.

Agua

Las cabras deben tener acceso libre al agua para no limitar su consumo. Además, el agua debe estar limpia y no contaminada, y los bebederos deben estar colocados para que no se pueda ensuciar el agua. Hay que realizar análisis periódicos para comprobar la inocuidad de la misma y estos deben ser conservados.

Instalaciones

La alimentación debe almacenarse en condiciones higiénicas, evitando la contaminación externa y la proximidad con productos químicos no relacionados.

Las herramientas utilizadas para la alimentación deben ser limpiadas adecuadamente después de cada uso para prevenir la contaminación, y se deben mantener buenas condiciones higiénicas mediante programas de desinfección, desratización y desinsectación en época de limpieza en los comedores y almacenes mediante programas regulares de desinfección.

Trazabilidad de alimentos

Los proveedores de alimentos deben tener al día un programa que asegure la calidad, el cual debe estar autorizado o registrado, y se debe mantener un registro de los alimentos o ingredientes que se traigan del exterior.

 **DEFINICIÓN**

Trazabilidad
Capacidad de rastrear y seguir el movimiento de un producto a lo largo de toda la cadena de suministro, desde su origen hasta su destino final.

- -

Extensivo

Se debe llevar un registro de las parcelas donde pastan los animales y un cuaderno de campo con los tratamientos realizados para conocer fechas de entrada y salida del pastoreo, así como que los pastos no tengan residuos químicos.

Cabras pastando

2.2. Medidas sanitarias y de bienestar animal

Se debe implementar un sólido programa de gestión sanitaria y bienestar animal para prevenir la transmisión de enfermedades entre animales, entre animales y operarios y, finalmente, a los consumidores, garantizando así la seguridad de los animales.

Se establecen requisitos fundamentales para asegurar la salud y el bienestar de los animales en la explotación ganadera como, por ejemplo, la disponibilidad de certificados sanitarios actualizados, medidas de bioseguridad durante las visitas y el manejo respetuoso de los animales, incluyendo el transporte conforme a la normativa.

Medidas sanitarias

Son tres las medidas sanitarias de prevención, de gestión y de relación con medicamentos, fitosanitarios y biocidas:

- **Prevención.** Es esencial garantizar el historial sanitario en adquisición de animales. Se deben implementar medidas de seguridad, de control de acceso, de manejo de plagas, una limpieza adecuada y mantener las instalaciones de bioseguridad en buen estado.
- **Gestión.** Es fundamental implementar un sistema de identificación y gestión sanitaria, separar la leche de animales enfermos, realizar una revisión veterinaria regular y un tratamiento adecuado. A la hora de combatir las enfermedades se deben notificar las sospechas a las autoridades, establecer fechas de vacunación y llevar un registro preciso de enfermedades y tratamientos.
- **Relacionadas con medicamentos, fitosanitarios y biocidas.** Hay que tener en cuenta lo siguiente:

  - Utilizar los productos conforme a las indicaciones, dosis y tiempos de espera.
  - Eliminar los productos de forma responsable, siguiendo las instrucciones de las etiquetas.
  - Identificar y separar los medicamentos caducados.
  - Mantener los registros detallados de tratamientos durante tres años y las recetas durante cinco años.

Medidas de bienestar

Son cinco las medidas sanitarias: libres de hambre sed y malnutrición, libres de incomodidades, libres de dolores, enfermedades y lesiones, libres de temores y libres para desarrollar su comportamiento animal normal; estas se explican a continuación:

- **Libres de hambre sed y malnutrición.** Hay que tener en cuenta las siguientes medidas:

  - Limpieza regular de comederos, abrevaderos y utensilios de alimentación con desinfectantes y agua.
  - Suministro diario adecuado de alimento y agua según las necesidades de los animales.

- ☯ Protección contra plantas tóxicas y sustancias perjudiciales.
- ☯ Control y mantenimiento regulares del suministro de agua para garantizar su calidad.
- ☯ Conservar las formulaciones de las raciones y los análisis de agua durante tres años.

- ➲ **Libres de incomodidades.** Los edificios están diseñados para ofrecer espacios amplios y seguros, con camas limpias y secas. Se protege a los animales de condiciones climáticas adversas y se garantiza una ventilación adecuada. Además, se previenen lesiones con suelos antideslizantes y sistemas de sujeción seguros, y se asignan áreas específicas para partos y aislamiento de animales enfermos.
- ➲ **Libres de dolores, enfermedades y lesiones.** Para ello, se deben seguir las siguientes pautas:

  - ☯ Se implementan medidas preventivas para proteger a los animales de cojeras incluyendo inspecciones regulares.
  - ☯ Se practica el ordeño regular evitando procedimientos dolorosos.
  - ☯ Se siguen prácticas adecuadas en reproducción, destete y comercialización.

- ➲ **Libres de temores.** Asegurar técnicas de manejo que cuiden a los animales.
- ➲ **Libres para desarrollar su comportamiento animal normal.** Manejo del rebaño sin interferir en su actividad.

2.3. Manejo general en la explotación

Para una explotación exitosa es esencial una adecuada identificación animal para la trazabilidad y un manejo apropiado, especialmente durante el ordeño y la cría de cabritos. Además, se deben mantener altos estándares de higiene y de diseño de las instalaciones para asegurar la división por lotes y la disponibilidad adecuada de alimento y agua.

Por ello, es importante la formación y capacitación del personal con el objetivo de maximizar el rendimiento de la explotación a la par que se asegura el bienestar animal.

Animales

Todos los movimientos de animales se registran y comunican a la autoridad en un plazo de 7 días, con detalles precisos sobre traslados y condiciones de identificación. Se requiere que los animales estén libres de enfermedades visibles y síntomas contagiosos.

Hay que prestar especial atención a la agrupación de cabritos (por lotes homogéneos de sexo, edad y tamaño) y al registro de entregas de leche.

Instalaciones

Las cabras estabuladas necesitan 1,5 m² por animal, suelos con pendiente hacia colectores y camas limpias. La sala de ordeño y lechería requieren paredes y suelos fáciles de limpiar, iluminación adecuada y agua potable con termo para la limpieza.

Se exige conformidad con normas UNE para equipos de ordeño mecánico o tanques de frío, y una sala de espera con dimensiones y pendientes adecuadas (0,33-0,5 m²/cabra, pendiente ascendente a ordeñadora 4-5 % y andenes sala de ordeño de 0,5-1,5 %).

La lechería debe tener drenaje, ventilación e iluminación adecuados, y estar libre de otros animales con un equipo de frío bien ventilado.

El área para cabritos debe estar libre de corrientes de aire y humedad, con una temperatura controlada (16-18 °C), suelos drenantes y camas secas.

 **APLICACIÓN PRÁCTICA**

A la hora de construir una sala de ordeño hay que tener en cuenta las indicaciones a seguir según las normas UNE. Por ello, se hace hincapié sobre ello a los operarios de la construcción, sin dar por hecho que las puedan conocer. ¿Cuál de las siguientes situaciones sería la correcta?

a. **Sala de espera de 0,5-1 m²/cabra, pendiente ascendente a ordeñadora 1-2 %, andenes sala de ordeño de 4,5-5,5 %.**
b. **Sala de espera de 1,5 m²/cabra, pendiente ascendente a ordeñadora 1-2 %, andenes sala de ordeño de 0,5-1,5 %.**
c. **Sala de espera de 0,33-0,5 m²/cabra, pendiente ascendente a ordeñadora 4-5 %, andenes sala de ordeño de 0,5-1,5 %.**
d. **Sala de espera de 1-2 m²/cabra, pendiente ascendente a ordeñadora 4-5 %, andenes sala de ordeño de 3,5-4,5 %.**

Continúa en página siguiente >>

<< Viene de página anterior

Solución

En la sala de ordeño tiene que haber una sala de espera que debe tener unas dimensiones aproximadas de 0,33 a 0,5 m²/cabra, además, entre la sala de espera y la sala de ordeño debe existir una pendiente ascendente del 4-5 % y los andenes de la sala de ordeño deben evacuar hacia la sala de espera con una pendiente de andenes de, aproximadamente, entre 0,5 a 1,5 %.

Personal

Para el correcto funcionamiento de la explotación es fundamental que el personal esté formado adecuadamente en entidades competentes, asegurando su capacidad para realizar las tareas de manera efectiva.

El personal que se ocupa de la explotación debe portar ropa limpia y apropiada, especialmente en puntos críticos como en el ordeño. Debe lavarse las manos y mantenerlas limpias en todo momento y cubrirse las heridas, quemaduras o abrasiones con vendajes impermeables, y no deben padecer contraindicaciones para la correcta labor de sus tareas.

Se deben implementar diversas medidas para asegurar la salud y el bienestar de los animales en la explotación. Esto incluye la identificación individual de cada animal y mantenerlos limpios y bien cuidados.

Se deben evitar lesiones en las ubres, así como tratamientos que puedan afectar negativamente a la leche. Antes de ordeñar, se debe inspeccionar la apariencia de la ubre y retirar la leche si se detectan anomalías físicas. Se deben apartar los animales enfermos durante el ordeño y se debe mantener una higiene rigurosa en todo momento.

Además, se deben seguir instrucciones veterinarias, identificar y eliminar cabras de riesgo, y controlar la calidad de la leche durante y después del ordeño. Es importante mantener limpios y desinfectados los equipos de ordeño mediante productos desinfectantes y agua, así como garantizar la correcta conservación de la leche. Se debe prestar especial atención a la alimentación, evitar el contacto no deseado entre machos y hembras, y tomar medidas para prevenir intoxicaciones en el pastoreo como vigilar el lugar donde pastan o beben y suplementar la alimentación en extensivo en casos de déficit nutricional.

Por último, se han de controlar los insectos y roedores, guardar los productos químicos y los medicamentos en sitios seguros, no se deben almacenar piensos en el local de ordeño ni alimentos en la lechería, tampoco utilizar este espacio para almacenar ropa o medicamentos.

 RECUERDA

Hay que mantener limpios y desinfectados tanto los utensilios a utilizar como los equipos utilizados con productos desinfectantes y agua.

2.4. Medidas de control de la contaminación

Es esencial proteger el medio ambiente y garantizar la sostenibilidad en la producción agrícola mediante medidas de control de la contaminación. Se deben implementar sistemas adecuados para gestionar los residuos ganaderos y los productos químicos, además, el personal debe estar capacitado y tener la experiencia necesaria para llevar a cabo estas tareas de manera responsable.

 **NOTA**

Un manejo adecuado de los caprinos puede contribuir a la estabilización de zonas marginales y al sustento de poblaciones rurales.

Repercusión en medio ambiente: aire, suelo y agua

Es esencial vigilar la situación de la explotación para prevenir la contaminación externa, lo que implica gestionar adecuadamente los residuos y efluentes. Además, se deben aplicar las buenas prácticas agrícolas y ganaderas, así como el manejo responsable de riego y pesticidas, y adaptar la carga ganadera al espacio disponible, contribuyendo así a proteger el medio ambiente y la calidad del suelo.

Medicamentos veterinarios

Los medicamentos se almacenan de forma segura, eliminando los caducados y sus envases adecuadamente. Además, se separan y gestionan los envases vacíos, así como el material veterinario usado en contenedores específicos, que son recogidos periódicamente por una empresa especializada.

Productos fitosanitarios, zoosanitarios y biocidas

Existen una serie de medidas específicas para el control de los productos fitosanitarios, zoosanitarios y biocidas, estas se detallan a continuación:

- **Almacenamiento seguro y específico.** Almacenar de manera segura los productos químicos agrícolas, como fertilizantes y pesticidas, para evitar accidentes y proteger la seguridad, tanto del personal como del medio ambiente.
- **Consideración del riesgo ambiental.** Se destaca la necesidad de evaluar y considerar el riesgo de contaminación de cursos de agua y suelos durante el almacenamiento y el uso de productos químicos agrícolas, con el objetivo de prevenir la contaminación ambiental y proteger los recursos naturales.
- **Uso responsable y registro de residuos.** Hay que llevar a cabo un uso responsable de productos químicos agrícolas, utilizando solo aquellos autorizados, registrados y adecuadamente etiquetados. Además, se debe registrar la generación y eliminación de residuos.

Almacenamientos, manipulación, tratamiento y eliminación de residuos. Plan de limpieza

Para un correcto plan de limpieza se recomienda seguir los siguientes pasos:

- **Almacenamiento y manipulación de residuos.** Se debe realizar un almacenamiento adecuado de estiércoles y purines, prevenir filtraciones y hacer un manejo responsable de residuos líquidos para evitar la contaminación del agua. Además del registro obligatorio del uso de productos químicos y medicamentos veterinarios.
- **Tratamiento y eliminación de residuos.** Hay que registrar y controlar el uso de lodos de la depuradora, manejar adecuadamente los residuos peligrosos conforme a la legislación, adquirir fertilizantes a granel para minimizar residuos y realizar la retirada oportuna, así como notificar de la muerte de animales a la autoridad competente.
- **Plan de limpieza y mantenimiento.** Se establece un plan para garantizar condiciones higiénico-sanitarias adecuadas y evitar la contaminación de

la leche. Este plan contempla operaciones diarias, semanales, mensuales y anuales, asegurando la limpieza y mantenimiento de todas las instalaciones.

2.5. Personal

A continuación, se describen las prácticas correctas que debe seguir el personal:

- **Rutina de hábitos de higiene del personal.** Las normas de higiene deben ser visibles para el personal, se debe usar ropa de protección y el lavado de manos debe ser rutinario, además, existen restricciones para personas enfermas en cualquier actividad de producción.
- **Capacitación en higiene del ordeño.** La empresa debe proporcionar un programa de formación en ordeño y manejo de equipos. Además, deben asegurarse prácticas higiénicas y de seguridad, e implantar un plan de emergencia durante el ordeño.
- **Capacitación en el manejo del ganado.** La empresa debe proporcionar a su personal formación integral para el cuidado animal, para el manejo de medicamentos y productos químicos, normas de higiene y medidas de seguridad para prevenir accidentes y tratar a los animales de forma adecuada.

2.6. Calidad de la leche

El proceso de obtención y almacenamiento de la leche debe garantizar la higiene y calidad del producto final, empleando equipos adecuados y manteniendo las instalaciones limpias y ventiladas para prevenir contaminaciones. Es crucial un enfriamiento rápido tras el ordeño y el uso de materiales de limpieza y desinfección autorizados para asegurar la inocuidad de la leche.

Equipos de ordeño y de mantenimiento de la leche

Es muy importante garantizar que el equipo de ordeño cumpla con las normativas específicas (UNE 68078:2004), que reciba un mantenimiento regular y que sea revisado anualmente por un técnico especializado (UNE 6690:2022). Se debe garantizar un suministro de agua potable, reemplazar regularmente los elementos de goma y pezoneras, y seguir un protocolo de limpieza detallado después del ordeño en el que se enjuaga la máquina con agua fría o templada durante 4-5 min, seguido de un lavado con agua caliente y detergente recomendado, circulando la solución durante 15-20 min. Este proceso se repite para el tanque de frío.

Además, es necesario mantener registros actualizados del control del equipo y del almacenamiento de la leche, así como conservar la documentación técnica y de seguridad de los productos utilizados.

Ordeño

Antes del ordeño se verifica el equipo, se identifica a cada animal y se preparan las ubres. Durante el proceso se sigue una rutina establecida: se separa la leche de los animales enfermos, se detecta si hay mastitis y se observa la leche para comprobar anomalías. Después, se retiran las pezoneras y se desinfectan los pezones.

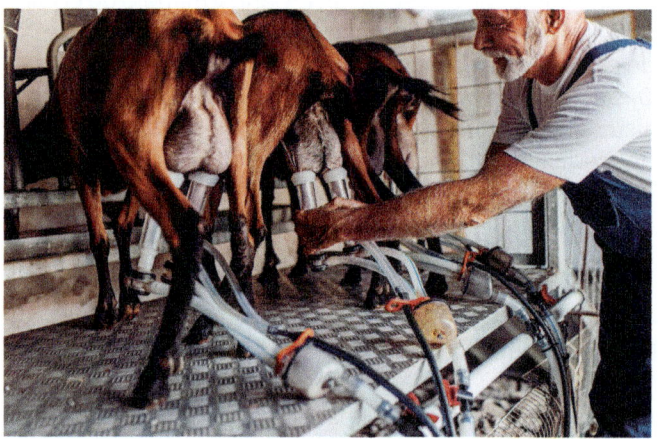

Ordeño de cabras

Almacenamiento y recogida de la leche

Se debe asegurar el correcto enfriamiento de la leche y mantener el área de almacenamiento limpia. El equipo debe mantener la temperatura adecuada y recibir mantenimiento anual. Es importante mantener despejado el acceso para la recogida de la leche y verificar la temperatura del tanque. Para las muestras se utiliza un cacillo desinfectado y se conservan los registros durante tres años.

Local de ordeño y lechería

Para el local de ordeño y la lechería se establecen unas pautas:

> Implementar un plan de limpieza para mantener la higiene y prevenir la contaminación.

> Mantener el establo en buen estado y prohibir el almacenamiento de productos nocivos cerca del ordeño.

> Establecer medidas para eliminar los desechos y controlar las plagas.

> Registrar y conservar las operaciones de limpieza y productos usados por al menos tres años.

 **DEFINICIÓN**

Mastitis
Inflamación del tejido mamario que puede derivar en una infección.

 TAREA 1

Santiago quiere informatizar y estar al día en las labores diarias de la explotación y llevar los registros pertinentes conforme a la normativa vigente. Ayúdale a crear una aplicación básica que ayude a los productores de ganado caprino a mantener las prácticas higiénicas óptimas en su explotación y el registro de todas las actividades.

3. Registros

☞ **HILO CONDUCTOR**

Santiago sabe que debe mantener guardados los registros de todo lo que haga en la explotación conforme a la normativa vigente, es por ello que todas las actividades de la ganadería las mantiene registradas tanto en el Registro general de explotaciones ganaderas como en el Libro de registro de la explotación.

Estos son los registros necesarios conforme a la legislación para asegurar el cumplimiento de las normativas en áreas como la identificación de los animales, la salud animal, la alimentación y otros aspectos relacionados:

- **REGA (Registro General de Explotaciones Ganaderas).** Todas las explotaciones ganaderas, incluidas las de ganado caprino, deben estar inscritas en el REGA. Este registro recoge los datos básicos de cada explotación y es gestionado por la autoridad competente de cada comunidad autónoma.
- **Libro registro de la explotación.** Este libro puede ser en formato físico o informatizado y debe contener los datos mínimos especificados en la normativa correspondiente. El acceso a este libro debe ser accesible para la autoridad competente durante al menos tres años.

El Libro de registro de explotación sobre identificación de animales, sanidad animal y alimentación animal incluye información detallada y actualizada sobre varios aspectos relacionados con la gestión de la explotación ganadera. Estos aspectos suelen incluir:

- **Identificación de animales.** Registro de los datos de identificación individual de cada animal, como el número de identificación, la raza, el sexo, la fecha de nacimiento, la madre, el padre y cualquier otra información relevante para la identificación única y seguimiento del animal.
- **Sanidad animal.** Registro de las medidas sanitarias aplicadas a cada animal, incluyendo vacunaciones, tratamientos veterinarios, diagnósticos de enfermedades, resultados de pruebas de salud, fechas de desparasitación, enfermedades detectadas, medidas de bioseguridad implementadas y cualquier otro aspecto relacionado con la salud y bienestar de los animales.
- **Alimentación animal.** Registro de la alimentación suministrada a los animales, incluyendo el tipo de alimento, la cantidad, la frecuencia de alimentación, la composición nutricional, la fecha de suministro y

cualquier otra información relevante sobre la dieta y nutrición de los animales.

Estos registros son fundamentales para garantizar la trazabilidad, el control sanitario y la gestión eficiente de la explotación ganadera, permitiendo así un seguimiento adecuado de cada animal y facilitando la toma de decisiones relacionadas con su manejo, salud y alimentación.

 ACTIVIDAD COMPLEMENTARIA

1. Crea tus propias fichas de registro de compras de piensos, venta de cabritos y registro de entregas de leche.

4. Legislación

 HILO CONDUCTOR

Se debe conocer la legislación vigente, por eso Santiago siempre está pendiente de las normativas europeas y nacionales, así como cualquier otra normativa actual.

La legislación relacionada con la producción caprina de carne y leche en España se compone de normativas a nivel europeo, nacional y otras normativas. A continuación, se mencionan algunas de las principales:

⊃ **Normativa europea:**

  ◊ Reglamento (UE) 2016/429 del Parlamento Europeo y del Consejo, de 9 de marzo de 2016, relativo a las enfermedades transmisibles de los animales y por el que se modifican o derogan algunos actos en materia de sanidad animal ("Legislación sobre sanidad animal").
  ◊ Reglamento (CE) 852/2004: establece normas generales de higiene para la producción y comercialización de alimentos.

- Reglamento (CE) 853/2004: define las normas específicas de higiene para la producción de productos lácteos y cárnicos.
- Directiva 98/58/CE del Consejo, de 20 de julio de 1998, relativa a la protección de los animales en las explotaciones ganaderas.

⊃ **Normativa nacional:**

- Real Decreto 787/2023, de 17 de octubre, por el que se dictan disposiciones para regular el sistema de trazabilidad, identificación y registro de determinadas especies de animales terrestres en cautividad.
- Real Decreto 989/2022, de 29 de noviembre, por el que se establecen normas básicas para el registro de los agentes del sector lácteo, movimientos de la leche y el control en el ámbito de la producción primaria y hasta la primera descarga.
- Real Decreto 1086/2020, de 9 de diciembre, por el que se regulan y flexibilizan determinadas condiciones de aplicación de las disposiciones de la Unión Europea en materia de higiene de la producción y comercialización de los productos alimenticios y se regulan actividades excluidas de su ámbito de aplicación.
- Real Decreto 319/2015, de 24 de abril, sobre declaraciones obligatorias a efectuar por primeros compradores y productores de leche y productos lácteos de vaca, oveja y cabra.
- Real Decreto 479/2004, de 26 de marzo, por el que se establece y regula el Registro General de Explotaciones Ganaderas (REGA), necesario para todas las explotaciones de animales.
- Real Decreto 348/2000, de 10 de marzo, por el que se incorpora al ordenamiento jurídico la Directiva 98/58/CE, relativa a la protección de los animales en las explotaciones ganaderas.
- Ley 8/2003, de 24 de abril, de sanidad animal.
- Ley 32/2007, de 7 de noviembre, para el cuidado de los animales, en su explotación, transporte, experimentación y sacrificio.

⊃ **Normas UNE:**

- **UNE-ISO 6690:2022:** instalaciones de ordeño mecánico. Ensayos mecánicos.
- **UNE-ISO 5707:2019:** instalaciones de ordeño. Construcción y funcionamiento.
- **UNE-EN ISO/IEC 17025:2017:** requisitos generales para la competencia de los laboratorios de ensayo y calibración.
- **UNE-EN 13732:2013:** maquinaria para la industria alimentaria. Tanques refrigerantes de leche a granel para granjas. Requisitos de funcionamiento, seguridad e higiene.
- **UNE 68078:2004:** instalaciones de ordeño para ovejas y cabras. Construcción y funcionamiento.

5. Resumen

La alimentación debe ser equilibrada en nutrientes y debe seguir unas pautas de seguridad alimentaria para asegurar el correcto desarrollo de los animales, con acceso libre al agua. Los alimentos deben ser trazables y almacenados en áreas limpias separadas de otros productos con utensilios limpios para su distribución.

Es fundamental seguir medidas sanitarias y de bienestar animal con un programa completo que abarque la prevención, la gestión y el uso adecuado de medicamentos y productos fitosanitarios. El objetivo es garantizar que los animales estén libres de condiciones adversas y que puedan desarrollar su comportamiento natural.

Es esencial identificar correctamente los animales para garantizar la trazabilidad y mantener un manejo adecuado, especialmente durante el ordeño. El personal debe estar bien capacitado, usar ropa adecuada y mantener la limpieza. Las instalaciones deben permitir la división por lotes, ser fáciles de limpiar y desinfectar, y estar diseñadas para una higiene óptima.

Es esencial reducir el efecto de las actividades agrícolas en el entorno natural y, a su vez, asegurar la calidad y la sostenibilidad de las cosechas. Las acciones para controlar la contaminación promueven el desarrollo sostenible de las zonas rurales al detener el deterioro de los recursos naturales.

La obtención, el almacenamiento y el enfriamiento de la leche deben cumplir con estrictas condiciones de higiene para garantizar la inocuidad del producto final. Esto implica el uso adecuado de equipos y materiales de limpieza autorizados, así como el mantenimiento de instalaciones limpias y bien ventiladas para prevenir la contaminación durante el proceso de ordeño y almacenamiento.

El REGA (Registro general de explotaciones ganaderas) y el Libro de registro de la explotación contienen los registros necesarios para un correcto funcionamiento de la explotación, donde queden registrados aspectos relevantes sobre la identificación de los animales, su sanidad y su alimentación, así como el ordeño y la venta del producto final.

Debe cumplirse la normativa existente relacionada con la producción caprina de carne y leche tanto a nivel europeo como nacional, así como seguir las pautas que sirven de guían existentes en normativas como las indicadas por las normas UNE.

Ejercicios de autoevaluación
Unidad de Aprendizaje 1

1. ¿Cuáles son recomendaciones para el manejo de la alimentación?

    a. Asegurar la toma de calostro del cabrito.
    b. Asegurar que las raciones satisfacen las necesidades fisiológicas y productivas, y que estas sean equilibradas.
    c. Asegurar el espacio en los comederos para evitar las jerarquías de los animales.
    d. Todas las opciones son correctas.

2. De las siguientes frases, indica cuál es verdadera o falsa:

    a. Es esencial garantizar la adquisición de animales con un historial sanitario conocido y asegurar la inocuidad de los medios de transporte utilizados para el ganado entre explotaciones.

        ■ Verdadero
        ■ Falso

    b. Los medicamentos, productos fitosanitarios y biocidas pueden eliminarse en cualquier contenedor de basura orgánica.

        ■ Verdadero
        ■ Falso

    c. Se garantiza la limpieza regular de los comederos, abrevaderos y utensilios de alimentación para mantener condiciones higiénicas óptimas, así como la limpieza adecuada de los almacenes de alimentos para prevenir contaminaciones.

        ■ Verdadero
        ■ Falso

3. Empareja cada afirmación referente a los productos fitosanitarios, zoosanitarios y biocidas según corresponda con el almacenamiento, el riesgo ambiental o el uso responsable.

    a. Hay que utilizar solo aquellos productos autorizados, registrados y adecuadamente etiquetados.

    b. Disponer en un lugar seguro, bien ventilado, iluminado y cerrado con llave para prevenir accidentes y garantizar la seguridad tanto del personal como del medio ambiente.

    c. Evaluar y considerar el riesgo de contaminación de cursos de agua y suelos durante el almacenamiento y uso de productos químicos agrícolas.

    __ Almacenamiento
    __ Riesgo ambiental
    __ Uso responsable

4. De las siguientes frases, indica cuál es verdadera o falsa:

    a. Se establece una rutina de lavado de manos, especialmente antes del ordeño, y se prohíbe comer, fumar o arrojar basura en el área de trabajo.

        ■ Verdadero
        ■ Falso

    b. Se espera que el personal trate a los animales de manera adecuada, garantizando su bienestar, salud y alimentación, y que cumplan con las estrictas normas de higiene personal y bioseguridad para prevenir la contaminación cruzada.

        ■ Verdadero
        ■ Falso

    c. Es esencial mantener un registro del control del equipo de ordeño y almacenamiento de la leche, firmado por un técnico especialista, así como conservar todas las fichas técnicas y de seguridad de los productos utilizados durante tres años.

        ■ Verdadero
        ■ Falso

d. La leche se puede conservar a temperatura ambiente hasta el momento que llegue el camión refrigerador.

- Verdadero
- Falso

5. **¿Cuáles son aspectos que se deben incluir en el libro de registro de la explotación?**

   a. Número de identificación, la raza, el sexo y la fecha de nacimiento.
   b. Vacunaciones, tratamientos veterinarios y diagnósticos de enfermedades.
   c. Tipo de alimento, la cantidad y la frecuencia de alimentación.
   d. Todas las opciones son correctas.

Explotaciones vacas nodrizas. Prácticas de higiene

Contenido

Objetivos

El objetivo general de esta Unidad de Aprendizaje es:

→ Proporcionar al sector español de la vaca nodriza pautas generales de manejo, bienestar y producción en las explotaciones, con el fin de asegurar la calidad y homogeneidad en los sistemas productivos primarios.

Los objetivos específicos de esta Unidad de Aprendizaje son:

→ Proporcionar directrices generales de manejo en lo relacionado con la alimentación animal, abarcando tanto a las vacas nodrizas como a los terneros.

→ Dar importancia a las medidas de sanidad y de bienestar animal.

→ Establecer recomendaciones generales del manejo en la explotación y los residuos que en esta se generan.

→ Realizar las labores de limpieza e higiene propias de la explotación para un correcto mantenimiento.

→ Mejorar las condiciones de higiene en la explotación de vacas nodrizas para garantizar la salud de los animales y la calidad de los productos finales.

1. Introducción

Las vacas nodrizas son aquellas destinadas principalmente a la cría y al cuidado de terneros. Su función principal es la de alimentar a los terneros con leche materna hasta que alcancen cierto peso o edad, momento en el cual pueden ser destetados. Estas vacas suelen ser de razas especializadas en la producción de carne, y su manejo y alimentación están orientados hacia la producción de terneros robustos y saludables. La cría de vacas nodrizas es una actividad importante en la industria ganadera, ya que contribuye a la producción de carne de calidad y a la reproducción de ganado para su posterior engorde o cría.

En términos generales, el sector de vacas nodrizas se encuentra principalmente en áreas desfavorecidas y de montaña, donde se crían en grandes superficies de terreno, en regímenes claramente extensivos. Estas explotaciones aprovechan los pastos de montaña y las zonas de matorral en las laderas de diversas montañas. El sistema de producción está estrechamente vinculado al entorno en el que se encuentran, destacando por su enfoque respetuoso con el medio ambiente.

En España, el sector de las vacas nodrizas ha experimentado diversos desafíos y tendencias a lo largo del tiempo. La demanda de carne de calidad y la necesidad de asegurar la sostenibilidad en la producción ganadera han llevado a una mayor atención en la cría de vacas nodrizas. Sin embargo, factores como los cambios en las políticas agrícolas, los precios fluctuantes de los productos cárnicos y las regulaciones ambientales pueden influir en la situación del sector.

En general, la cría de vacas nodrizas sigue siendo una actividad relevante en la ganadería española, con una importante contribución a la producción de carne y al mantenimiento de la actividad ganadera en diferentes regiones del país. Las vacas nodrizas se localizan fundamentalmente en las comunidades autónomas de Castilla y León, Extremadura, Andalucía, Galicia y Asturias.

El sector de las vacas nodrizas presenta oportunidades para la diversificación de productos, la adopción de tecnologías innovadoras para mejorar la eficiencia de la producción y la participación en programas de certificación que agregan valor al producto final.

Para ello, nos vamos a basar en el caso de Juan, el hermano de Santiago, quien ha adquirido un terreno de pasto en la dehesa extremeña para incorporar vacas nodrizas y dedicarse a la producción de terneros.

2. Buenas prácticas de higiene en la producción

 **HILO CONDUCTOR**

El hermano de Santiago, Juan, ha adquirido un terreno bastante amplio para la producción de terneros gracias a las vacas nodrizas.

En el terreno ha plantado una parte con un cultivo anual, otra con un cultivo de gramíneas y otra con un cultivo de leguminosas para aprovechar al máximo la alimentación con base en la agricultura y rebajar costos en piensos.

Ha construido un henil donde almacenar los alimentos e instalaciones para la cubrición, el parto y la estabulación de las madres durante la alimentación, siguiendo las recomendaciones dadas para estas instalaciones y el manejo del ganado y la alimentación, dejando el crecimiento a base de pasto a las madres y su libre circulación conforme a las indicaciones para un máximo aprovechamiento del suelo.

Sigue las indicaciones para el bienestar animal y contrata a personal cualificado para su mantenimiento, limpieza, higiene y desecho de purines, envases y cadáveres según la normativa vigente.

2.1. Alimentación animal

Un buen programa de alimentación es fundamental para asegurar la energía requerida para la producción de la explotación.

NOTA

La explotación de vacas nodrizas se encuentra situada principalmente en las zonas de Galicia, dehesas del oeste y suroeste y áreas de montaña (la cornisa cantábrica, los Pirineos, el sistema Central y el sistema Ibérico).

Necesidades de los animales y planificación de la alimentación

Es crucial conocer las necesidades de alimentación de los animales y su planificación para un correcto manejo de los mismos.

Alimentación de vacas nodrizas

Al tratarse de un sistema extensivo, principalmente en zonas de dehesa y zonas montañosas, su alimentación va a estar ligada al entorno y solo en los meses más duros del invierno se complementará su alimentación con forrajes y piensos.

El ganado vacuno extensivo se adapta a áreas de baja productividad, utilizando principalmente residuos de cosechas y subproductos para minimizar la necesidad de adquirir alimentos externos complementarios. Las vacas nodrizas tienen distintas necesidades según su fase de producción, con picos de demanda durante la lactancia del ternero, que suele ocurrir alrededor del cuarto mes de posparto. En este periodo, el consumo de leche disminuye a medida que el ternero consume más pasto, lo que resulta en una reducción de la producción láctea y de las necesidades de la vaca madre.

 ACTIVIDAD COMPLEMENTARIA

2. Busca información actualizada sobre la situación de las vacas nodrizas en cuanto al censo. Para ello, elabora un gráfico por comunidades autónomas y utiliza la página web del ministerio correspondiente.

Alimentación de terneros lactantes

Al nacer, el ternero no tiene defensas y es importante la ingestión del calostro durante las primeras horas de vida para transmitirles la inmunidad frente a agentes patógenos.

 **DEFINICIÓN**

Calostro

Primera leche que da la hembra después de parir. Esta es rica en nutrientes, anticuerpos y factores de crecimiento, por lo que es fundamental para el desarrollo inicial del sistema inmunológico de las crías.

Durante los primeros cuatro meses de vida, los terneros de vacas nodrizas se alimentan principalmente de la leche materna, lo que determina su crecimiento hasta ese punto. Sin embargo, su dieta cambia a medida que envejecen, incorporando más pasto o concentrados y reduciendo su dependencia de la leche materna.

Tras la fase de lactancia, el crecimiento de los terneros depende tanto de la leche materna como de la calidad y cantidad de pasto disponible, así como de su desarrollo temprano. Es crucial mantener un equilibrio adecuado entre la producción de leche de las madres y la ingesta de alimentos en esta etapa.

Factores que inciden en la planificación de la alimentación

Los factores que inciden en la planificación de la alimentación son:

- **Condición corporal.** La salud reproductiva y la producción de una vaca dependen de sus reservas corporales, evaluadas mediante el índice de condición corporal, esencial para el manejo de la reproducción y del rendimiento del animal.
- **Movilización de reservas corporales.** Es crucial mantener un adecuado estado corporal de las vacas nodrizas durante el parto para lograr un parto al año en el rebaño. Después del parto, se recomienda que ganen peso para garantizar la fertilidad y la producción de leche. La pérdida de peso a lo largo del ciclo no debe exceder el 15-20 % del peso adulto del animal.
- **Agrupación de partos.** La agrupación de partos busca sincronizar los periodos de máxima demanda de nutrientes del rebaño con los de mayor disponibilidad de pasto. Es especialmente beneficiosa en regiones con estaciones de crecimiento cortas, donde se evita la necesidad de suplementar la dieta de las vacas durante la lactancia al evitar partos muy tempranos o tardíos.
- **Época de partos.** En regiones con pasto estacional, los partos se programan en primavera para sincronizarse con la abundancia de hierba. Los

terneros se destetan al final del periodo de crecimiento del pasto (4-6 meses de edad y 200 kg, aproximadamente). Se recomienda el parto en otoño si el pasto está asegurado en esta estación, permitiendo así destetar terneros más pesados (8-9 meses).

 **NOTA**

El índice de condición corporal se trata de una medida que evalúa la cantidad de grasa y músculo presente en el cuerpo de un animal, generalmente en relación con su peso y tamaño. Se divide en cinco condiciones y se puede otorgar medio punto en condiciones intermedias:

- Condición 1: apófisis espinosas fácilmente distinguibles; al tocarlas se sienten cortantes.
- Condición 2: apófisis espinosas identificables, pero más redondeadas.
- Condición 3: apófisis espinosas se sienten al presionar y se acumula algo de grasa alrededor de la cola.
- Condición 4: se observa el acúmulo de grasa alrededor de la cola; no se siente la apófisis espinosa.
- Condición 5: la base de la cola está enterrada en tejido graso.

Alimentos del vacuno

Se deben seguir las normativas europeas y el reglamento nacional en cuanto a la alimentación animal, concretamente el Reglamento (CE) n.º 183/2005 del Parlamento Europeo y del Consejo, de 12 de enero de 2005, por el que se fijan requisitos en materia de higiene de los piensos y el Real Decreto 629/2019, de 31 de octubre, por el que se regula el registro general de establecimientos en el sector de la alimentación animal, las condiciones de autorización o el registro de dichos establecimientos y de los puntos de entrada nacionales, la actividad de los operadores de piensos, y la Comisión nacional de coordinación en materia de alimentación animal.

Al comprar pienso es crucial asegurarse de su procedencia y calidad. Se debe adquirir únicamente de empresas autorizadas y registradas y, al recibirlo, se debe realizar una inspección visual para verificar su estado y comprobar que tiene el registro adecuado. Es importante conservar los documentos que respalden la legalidad y calidad del pienso adquirido.

A continuación, se describen los alimentos del vacuno:

- **Forrajes verdes.** Las praderas crecen principalmente de primavera a otoño. Se combinan gramíneas, que proporcionan energía, con leguminosas, que aportan proteína. En suelos fértiles y climas favorables se usan raigrás inglés, festuca, alfalfa y trébol. En suelos pobres o climas adversos se emplean bromos y loto. Los cultivos anuales cubren necesidades del ganado en épocas de parada vegetativa, con cereales en invierno y maíz y sorgo en verano.
- **Forrajes conservados.** Los forrajes conservados son la henificación y el ensilado:

  - Henificación: es el proceso para reducir la humedad de los forrajes verdes, inhibiendo la actividad vegetal y de microorganismos. La calidad del heno depende de la madurez de las plantas, del método de siega y del clima.
  - Ensilado: técnica de almacenamiento que preserva los forrajes verdes, conservando así sus propiedades nutritivas mediante la acidificación para evitar el crecimiento microbiano. Se emplean principalmente gramíneas y plantas de cereales como el maíz.

- **Especies anuales de autosiembra.** Leguminosas anuales con crecimiento entre otoño e invierno como las especies medicago y trébol. Hay que mantener la producción de semillas evitando el pastoreo y realizando labores de cultivo.
- **Arbustos forrajeros.** Estas especies son arbustos con hojas perennes, conocidas por su resistencia a la sequía y, ocasionalmente, a la salinidad. Se encuentran en áreas donde la siembra de cultivos herbáceos es difícil, como los tojos y las retamas.
- **Ramoneo.** Los animales consumen hojas y puntas de ramos de árboles una o dos veces al año para satisfacer sus necesidades cuando no hay otros recursos pastables disponibles. Se prefieren árboles como la encina, el fresno y algunas retamas de otras especies para este propósito.
- **Concentrados energéticos y proteicos.** Aportan energía y proteína; como alimentos energéticos se emplean los granos de los cereales y subproductos de estos (como el salvado), pulpa de remolacha y de cítricos, melaza, mandioca y semilla de algodón. Como alimentos proteicos se usan tortas de oleaginosa (como la soja, girasol o colza) y las leguminosas en granos (habas, guisantes y altramuces). Además, los piensos compuestos aportan calcio y fósforo que satisfacen las necesidades.
  La mayoría de las vacas nodrizas en áreas desfavorecidas, montañosas y de dehesa se alimentan con recursos naturales complementados con *pélets* o tacos, que son concentrados proteicos moldeados en pequeños cubos mediante melazas, y paja de cereales como fuente de fibra en su dieta.

- **Aditivos.** Son compuestos que carecen de valor nutricional, pero benefician al animal al controlar enfermedades, mejorar la digestión del alimento y aumentar la aceptación del producto final por parte del consumidor. Algunos ejemplos de aditivos son antifúngicos, antioxidantes, colorantes, aromatizantes, saborizantes, etc.
- **Correctores vitamínico-minerales.** La suplementación mineral es esencial en la ganadería extensiva para equilibrar las deficiencias en la dieta de los animales. El fósforo y el magnesio son especialmente importantes para la salud reproductiva y el crecimiento de los terneros. Se recomienda el uso de superfosfato para abordar la deficiencia de fósforo. La vitamina A es esencial para la fertilidad y la supervivencia de las crías, y se suministra a través de suplementos vitamínico-minerales en forma de bloques de lamer o mezclas en polvo o gránulos.

 IMPORTANTE

Al comprar pienso hay que verificar que proviene de una empresa autorizada y registrada. Al recibirlo, se debe inspeccionar visualmente su estado y verificar su registro. Deben guardarse los documentos que lo acrediten.

Los pasos a seguir para un correcto ensilado son:

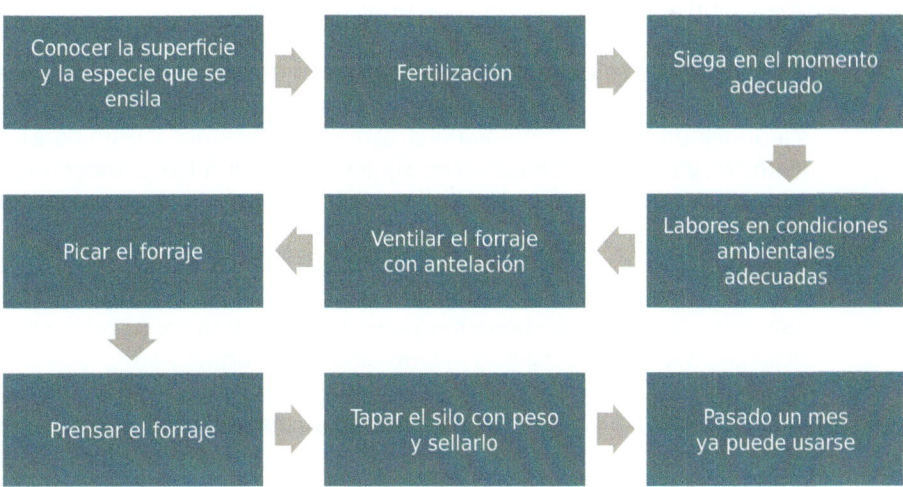

Instalaciones y equipos para la alimentación

Las vacas nodrizas y sus terneros pueden ser alimentados en pastoreo o con suplementación en comedero. Los comederos colectivos, con cubierta para protección, se usan en el pastoreo con abrevaderos estratégicamente ubicados. En estabulación, se usan plazas de amarre con comederos lineales de 1 a 1,20 m por plaza y un bebedero de cazoleta para cada dos vacas contiguas.

Vacas estabuladas comiendo

A continuación, describimos las recomendaciones para las instalaciones de la explotación que tienen que ver con la alimentación:

- **Cercados.** Los cercados en una explotación de pastos son esenciales para practicar la ganadería en extensivo, optimizando la mano de obra y reduciendo costos de maquinaria. El material debe ser seguro para los animales y estar bien mantenido. Suelen ser de tipo fijo y deben estar correctamente fijados para evitar que los animales salgan o que otros entren.
- **Agua.** El control microbiológico del agua en la explotación ganadera es esencial para evitar la contaminación y garantizar la seguridad de los animales. Se deben implementar protocolos de cloración u otros sistemas para mantener la calidad microbiológica del agua.
  Los depósitos y las conducciones deben estar diseñados para prevenir la contaminación y mantener registros de su mantenimiento. Los bebederos deben ser accesibles y no estancar el agua, minimizando así la contaminación. En zonas frías, las tuberías de agua deben estar enterradas para evitar la congelación.

Además, el agua suministrada a los animales debe ser controlada regularmente para garantizar su calidad. Los animales obtienen agua de los alimentos, del metabolismo de los nutrientes y del agua que beben, y la cantidad necesaria varía según las condiciones ambientales.

➲ **Plan de mantenimiento y limpieza de equipos de alimentación.** Se recomienda el uso de comederos y bebederos de hormigón, fibra de vidrio, plástico o acero galvanizado, y deben ser revisados regularmente para evitar lesiones o contaminaciones. Se debe realizar una inspección diaria para retirar el exceso de pienso y una limpieza más profunda periódicamente. Los utensilios de manejo y la distribución de alimentos deben estar limpios y libres de oxidación para minimizar el riesgo de enfermedades. Además, los piensos deben almacenarse en un lugar seco, bien ventilado y separado del suelo y las paredes.

2.2. Medidas sanitarias y de bienestar animal

A continuación, se describen de forma individual cada una de las medidas.

Medidas sanitarias

Son las destinadas al control de enfermedades de declaración obligatoria (EDO). Estas medidas están incluidas en la lista de la Organización Mundial de Sanidad Animal (OIE) y deben seguir una serie de medidas:

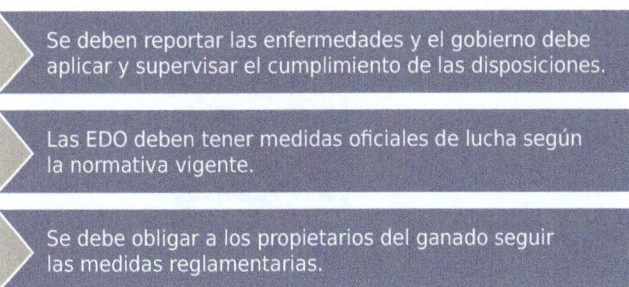

Se deben reportar las enfermedades y el gobierno debe aplicar y supervisar el cumplimiento de las disposiciones.

Las EDO deben tener medidas oficiales de lucha según la normativa vigente.

Se debe obligar a los propietarios del ganado seguir las medidas reglamentarias.

Las enfermedades que no son de declaración obligatoria se deben comunicar igualmente como enfermedades controlables. Todas las enfermedades deben tener un programa de vigilancia, control y erradicación según la normativa vigente.

NOTA

Ejemplos de EDO son brucelosis bovina, tuberculosis bovina y peste bovina, y ejemplos de enfermedades controlables son la fiebre aftosa y la lengua azul.

Los ganaderos deben tener un libro de tratamientos que registre todas las medicaciones y aplicaciones veterinarias en los animales, así como conservar las recetas veterinarias. Además, deben cumplir con los tiempos de espera para garantizar que se respeten los límites máximos de residuos al comercializar sus productos. Los piensos medicamentosos deben tratarse como medicamentos en todos los aspectos.

Se debe controlar la presencia de vectores externos mediante limpieza, desinfección, desratización, mediante el uso de cercas y vallados, con perros pastores y controlando las visitar externas.

PARA SABER MÁS

Puedes acceder a los programas sanitarios y a todo el material referente a las enfermedades animales accediendo desde aquí:

https://redirectoronline.com/agan004po0201

Medidas de bienestar animal

Se dividen en las medidas a tomar en la explotación, en el campo y praderas, y en el transporte.

En la explotación

Cuando entran animales en la explotación se debe prestar atención al control de enfermedades, realizar las pruebas oficiales que exige la legislación vigente y meterlos en cuarentena.

Se deben seguir una serie de recomendaciones referentes a:

- **Generales.** Las medidas garantizan el bienestar animal mediante inspecciones regulares, cuidado de la salud, alimentación adecuada, alojamiento óptimo y protección contra condiciones climáticas adversas. Se prohíben prácticas que causen sufrimiento innecesario, como modificaciones externas o la cría perjudicial. Se destaca la importancia de inspecciones diarias, vigilancia de signos de salud y acción rápida ante problemas. Se establecen directrices para el manejo adecuado de los animales, incluyendo el uso de tecnología para monitoreo de datos.
- **Vacas nodrizas.** Se establecen normas para la estabulación libre de animales, limitando su número al espacio disponible y garantizando áreas adecuadas para el descanso y el movimiento. Se recomienda tener cubículos adicionales y evitar jerarquías innecesarias. Se prohíbe el uso de instrumentos cortantes, permitiéndose excepcionalmente dispositivos eléctricos. Se aconseja acceso al exterior y atención diaria a la salud reproductiva. Se recomienda un cuidado especial durante el último mes de gestación y tener compartimentos separados y asistencia veterinaria en caso de un parto complicado. Se desaconseja el uso de ayudas mecánicas en el parto y se sugiere una selección cuidadosa de machos y hembras para reducir problemas. Las cesáreas deben ser realizadas por un veterinario solo si es en beneficio de los animales.
- **Sementales.** Los toros necesitan espacios con visibilidad y audición, áreas de descanso proporcionadas según su tamaño y zonas de cubrición seguras. Además, deben tener la oportunidad de ejercitarse adecuadamente.
- **Terneros.** Los terneros deben ser manejados con cuidado desde una edad temprana y no deberían atarse. Deben tener acceso a alojamientos adecuados, con espacio suficiente, y si se alojan en grupo, deben contar con áreas de descanso y ejercicio adecuadas. Se recomienda una alimentación nutritiva y líquida al menos dos veces al día, con acceso constante a agua limpia. Las instalaciones deben estar bien iluminadas y ventiladas, y se deben mantener limpias. Los terneros enfermos o heridos deben ser aislados y tratados apropiadamente.

En campo y praderas

Es esencial gestionar adecuadamente el pastoreo para optimizar los recursos y evitar problemas de salud en el ganado. Se deben realizar rotaciones de pasto y cultivo, abonar las praderas según el análisis de suelos, ajustar la carga ganadera para evitar el sobrepastoreo y seguir buenas prácticas agrarias en la aplicación de fertilizantes. También se debe considerar la pendiente del terreno y las condiciones climáticas al realizar labores agrícolas para prevenir la contaminación del agua y otros problemas ambientales.

Vacas pastando en pradera

En el transporte

Se deben seguir las normas para el transporte de animales con el fin de evitar heridas o sufrimientos innecesarios. Se deben tener en cuenta las condiciones en las cuales los animales no sean considerados aptos para el transporte, así como las excepciones para animales enfermos o lesionados que deben estar bajo supervisión veterinaria.

Se encuentran establecidos los requisitos para el diseño de los medios de transporte, contenedores y equipamientos, así como las normativas sobre el manejo de los animales durante el transporte y la prohibición de prácticas que puedan causarles dolor o sufrimiento.

Se recomienda seguir las medidas fijadas por los organismos oficiales para garantizar el bienestar de los animales durante el transporte y tener especial cuidado en las circunstancias en las que los animales deben ser transportados individualmente. Para los animales que requieren un sacrificio de urgencia se actuará de forma rápida y se transportarán aislados del resto de animales.

Por último, hay que tener en cuenta las pautas descritas por los organismos oficiales para la alimentación, el abrevado y el descanso de los animales durante el transporte, así como la atención necesaria para los animales heridos.

2.3. Manejo general de los animales en las explotaciones

Se pueden diferenciar entre los manejos especiales y el manejo de las instalaciones ganaderas.

Manejos especiales

Concretamente durante la época reproductiva y el parto:

- **Manejo reproductivo.** Hay que asegurar una adecuada preparación y manejo de las hembras para la reproducción, ya sea por monta natural o inseminación artificial, considerando el momento y la frecuencia adecuados. Se debe verificar la gestación mediante métodos diagnósticos apropiados y se debe controlar el periparto para actuar según los protocolos establecidos. Se supervisará el nacimiento de las crías y la expulsión completa de la placenta, asegurando el bienestar de la madre y su cría.
- **Parto.** Es fundamental que las vacas alcancen la condición corporal adecuada para garantizar una gestación saludable, un parto sin problemas, la producción de suficiente calostro, una pronta recuperación posparto y una rápida concepción nuevamente. El lugar de parto debe ser seco y limpio para evitar infecciones en los terneros recién nacidos. Se ha de procurar que el parto sea lo más natural posible, enfatizando en la importancia de la higiene durante el proceso. Los terneros han de ingerir suficiente calostro en las primeras horas de vida para fortalecer su sistema inmunológico y prevenir enfermedades. Además, hay que destacar la importancia de la desinfección del cordón umbilical en los terneros recién nacidos.

Manejo de las instalaciones ganaderas

Los recintos para bovinos deben ubicarse lejos de zonas urbanas para evitar perturbaciones por ruido, vibraciones y contaminación atmosférica. Además, los edificios y equipos deben mantenerse higiénicos, limitar riesgos de enfermedades y lesiones, y cumplir con las normas de seguridad contra incendios. Para ello, se seguirán las siguientes indicaciones:

- **Acceso a las explotaciones.** Las explotaciones deben estar en áreas de fácil acceso para vehículos y cerradas para evitar intrusos y animales no deseados. Los corredores y las puertas deben ser amplios para permitir el movimiento seguro de los animales, evitando esquinas angulosas y aristas vivas.

- **Diseño de las instalaciones y equipos.** Las instalaciones para el ganado bovino deben permitir la inspección fácil, la libertad de movimiento y la interacción social, además, los suelos deben estar limpios.

- **Instalaciones de manejo.** Se deben tener instalaciones adecuadas como mangas para el manejo de los animales, un lazareto para tratar a los enfermos o heridos, y parideras para el ganado de reproducción. Estas áreas deben estar bien aisladas y tranquilas, con camas limpias y secas.

- **Pajares, silos y otros almacenamientos.** El henil y el almacén deben estar cerca, pero lo suficientemente aislados para proteger a los animales en caso de incendio o contaminación. Deben estar protegidos de la lluvia, la humedad y la entrada de vectores. Los silos deben cerrarse adecuadamente para evitar la entrada de agua. Los depósitos de agua deben estar tapados y tratados para garantizar la potabilidad. Los sistemas de alimentación automatizados deben proporcionar la misma información que los sistemas manuales al ganadero.

- **Instalaciones anexas y oficinas.** Las instalaciones deben estar cerca de la explotación para facilitar los trámites administrativos al ganadero. Deben contar con luz, agua y ventilación adecuadas para garantizar la comodidad de las personas.

- **Limpieza y desinfección de las instalaciones.** Se deben limpiar los establos diariamente, así como revisar los comederos y bebederos. Cada 15 días, hay que limpiar los compartimentos de los terneros. Cada 7 días, es necesario limpiar las naves con una parrilla con agua a presión. Se debería cambiar la cama cada dos meses en estabulación libre. Y por último, anualmente, lavar a presión con agua y jabón, desinfectar, reparar y hacer vacío sanitario.

Almacenamiento de heno

2.4. Medidas de control de la contaminación

Es importante el respeto por el medio ambiente y el respeto por el entorno para reducir la contaminación.

Importancia de los factores ambientales

Las explotaciones ganaderas deben gestionarse sin contaminar el medio ambiente y estar en armonía con el entorno. Además, las vacas nodrizas en extensivo benefician al medio ambiente y mejoran los prados.

Es crucial calcular las densidades ganaderas para evitar el agotamiento del territorio. Se requieren buenas prácticas agrícolas en riego, abonado y pesticidas para el respeto del medio ambiente.

Se deben cumplir las medidas de condicionalidad y agroambientales según la legislación nacional y autonómica. Incluso existen guías de buenas prácticas que deben seguir los productores de vacas nodrizas que posean tierras.

Medicamentos veterinarios

Los ganaderos deben mantener un libro de tratamientos y recetas veterinarias. Los medicamentos deben almacenarse en un lugar seguro, identificados correctamente y preferiblemente en un botiquín cerrado con llave. Solo el personal cualificado puede acceder y administrar los medicamentos.

En el libro de tratamiento se registran los animales tratados y los productos utilizados. Se debe respetar el almacenamiento y las fechas de caducidad de los medicamentos y su administración debe seguir las indicaciones de la receta veterinaria. La eliminación de los medicamentos debe hacerse de manera respetuosa con el medio ambiente según las regulaciones locales.

Productos fitosanitarios y biocidas

Los productos fitosanitarios deben usarse de manera adecuada para una agricultura sostenible, minimizando el uso de contaminantes. Deben almacenarse en un lugar separado, bien ventilado, seco y correctamente identificado, preferiblemente cerrado con llave. Solo se deben usar productos químicos autorizados y registrados, manteniendo etiquetas y albaranes de compra. Se debe prestar especial atención al aplicarlos cerca de fuentes de agua.

NOTA

Se requiere un carné de aplicador para manejar estos productos, demostrando así una capacitación adecuada.

Almacenamiento, manipulación, transporte y eliminación

Las medidas a seguir son las siguientes:

- **Estiercoles y purines.** Los purines y estiércoles del ganado se gestionarán para usarlos como abonado orgánico, siguiendo precauciones similares al abonado químico. Se almacenarán de forma segura para evitar la contaminación del agua.
  Los purines líquidos se almacenarán en balsas impermeabilizadas durante al menos tres meses, mientras que los sólidos se guardarán en estercoleros con recolección de lixiviados. Se esparcirán siguiendo la normativa de cada comunidad autónoma, tomando medidas para prevenir la contaminación de cursos de agua cercanos.
- **Envases.** Los envases vacíos y los productos químicos caducados deben eliminarse según los sistemas oficiales de recogida y las normativas de cada región. Se deben retirar siendo identificados y con medidas para evitar la contaminación ambiental. No se deben abandonar ni reutilizar envases peligrosos, y es recomendable adquirir productos en recipientes grandes para reducir la generación de residuos en la explotación.
- **Cadáveres.** Cuando un animal muere en la explotación debe ser separado y debe notificarse su muerte. La retirada y el tratamiento de los cadáveres debe cumplir con la legislación y las guías de buenas prácticas establecidas.

2.5. Personal

El personal a cargo de los animales debe ser suficiente y tener conocimientos teóricos y prácticos sobre el ganado bovino y el sistema de cría utilizado para reconocer signos de buena salud y asegurar un entorno adecuado.

El personal debe contar con garantías **higiénico-sanitarias** y mantener un buen estado de salud. Deben cumplir con las normas de manejo e higiene establecidas, tener acceso a aseos, agua potable y un botiquín sanitario. Se les proporcionará ropa de trabajo especial y otros equipos necesarios. El acceso de personal externo estará controlado y deberá respetar las normas y usar el equipo adecuado.

Se deben seguir una serie de indicaciones en cuanto a **seguridad en el trabajo:**

> Seguir normas de prevención de riesgos laborales, especialmente al manejar animales agresivos o en fases delicadas.

> Las instalaciones y los equipos deben tener medidas de seguridad adecuadas. Se deben usar correctamente los equipos de protección personal.

> Las tareas con maquinaria deben cumplir normas de seguridad específicas.

> Manipular productos y materiales con las medidas de protección adecuadas.

> Ante un accidente, se deben aplicar primeros auxilios rápidamente utilizando un botiquín en buen estado.

 TAREA 2

Juan, quien ya sabemos que ha comprado una pequeña explotación de vacas nodrizas en Extremadura ha decidido mejorar la higiene en su explotación siguiendo las directrices indicadas en esta unidad. ¿Qué pautas debe seguir para ello?

3. Registros

HILO CONDUCTOR

Santiago, que ya tiene experiencia, le dice a Juan qué debe mantener guardado, indicando que son todos los registros propios de la normativa vigente referentes al REGA (Registro general de explotaciones ganaderas) y al Libro de registro de la explotación y le comenta que debe almacenar esa documentación el tiempo estipulado en la normativa.

Los registros necesarios conforme a la legislación siguen las mismas normativas explicadas en la unidad anterior, siendo el REGA y el Libro de registro de la explotación los principales documentos que los ganaderos deben tener en posesión.

RECUERDA

Todas las explotaciones ganaderas deben estar incluidas en el REGA, y este debe recoger los datos básicos de cada explotación. Y el Libro de registro de explotación debe contener los datos mínimos especificados en la normativa sobre identificación, sanidad y alimentación animal.

---

4. Legislación

HILO CONDUCTOR

Santiago, también le comenta a Juan cuáles son las normativas vigentes actuales y le recuerda que para el ganado bovino también existen normativas específicas.

La legislación relacionada con la producción de vacas nodrizas sigue las mismas normativas que las vistas en la unidad anterior, añadiendo una directiva europea específica para la especie bovina y una a nivel nacional. Las normas UNE también son aplicables a excepción de las específicas del capítulo anterior de producción caprina:

1. Normativa europea:

Reglamento (CE) n.º 1760/2000 del Parlamento Europeo y del Consejo, de 17 de julio de 2000, que establece un sistema de identificación y registro de los animales de la especie bovina y relativo al etiquetado de la carne de vacuno y de los productos a base de carne de vacuno y por el que se deroga el Reglamento (CE) n.º 820/97 del Consejo.

2. Normativa nacional (España):

Real Decreto 1049/2022, de 27 de diciembre, por el que se establecen las normas para la aplicación de la condicionalidad reforzada y de la condicionalidad social que deben cumplir las personas beneficiarias de las ayudas en el marco de la Política Agrícola Común que reciban pagos directos, determinados pagos anuales de desarrollo rural y del Programa de Opciones Específicas por la Lejanía y la Insularidad (POSEI).

5. Resumen

Al tratarse de un sistema extensivo, principalmente en zonas de dehesa y en zonas montañosas, su alimentación va a estar ligada al entorno y solo en los meses más duros del invierno se complementará su alimentación con forrajes y piensos. Mientras, los terneros se alimentarán inicialmente del calostro y de la leche materna, y del pasto a continuación.

Es importante mantener las instalaciones limpias y desinfectadas para prevenir la propagación de enfermedades y garantizar un entorno saludable para el ganado respetando la normativa vigente.

Se deben seguir las prácticas correctas para el manejo de las vacas nodrizas, incluyendo la manipulación durante la reproducción y el parto, así como el cuidado de los terneros y su alimentación y la identificación temprana de signos de enfermedad.

Se han de seguir las pautas marcadas por la normativa vigente para la gestión adecuada de purines y estiércoles, incluyendo su almacenamiento seguro y la prevención de la contaminación ambiental.

Igualmente, es importante proporcionar formación continua al personal sobre prácticas higiénicas y medidas de prevención de riesgos laborales.

Ejercicios de autoevaluación
Unidad de Aprendizaje 2

1. ¿Cuál de las siguientes afirmaciones es correcta?

a. Las instalaciones no necesitan ser limpiadas regularmente.
b. El manejo agresivo de las vacas nodrizas es aceptable.
c. La gestión adecuada de los residuos es importante para prevenir la contaminación ambiental.
d. El almacenamiento seguro de purines y estiércoles no es necesario.

2. De las siguientes frases, indica cuál es verdadera o falsa:

a. La pérdida de peso a lo largo del ciclo no debe exceder el 15-20 % del peso adulto del animal.

■ Verdadero
■ Falso

b. Los aditivos son compuestos con un alto valor nutricional y benefician al animal para controlar enfermedades.

■ Verdadero
■ Falso

c. Los toros necesitan espacios con visibilidad y audición, áreas de descanso proporcionadas según su tamaño y zonas de cubrición seguras.

■ Verdadero
■ Falso

3. ¿Cuál de las siguientes acciones no se considera parte de las buenas prácticas de higiene?

a. Gestión adecuada de residuos
b. Manipulación suave de los animales
c. Almacenamiento seguro de productos fitosanitarios
d. No proporcionar formación al personal.

4. De las siguientes frases, indica cuál es verdadera o falsa:

a. Los purines líquidos se almacenarán en balsas impermeabilizadas durante al menos 3 meses, mientras que los sólidos se guardarán en estercoleros con recolección de lixiviados.

- ■ Verdadero
- ■ Falso

b. Cuando un animal muere en la explotación, debe ser separado y se notifica su muerte.

- ■ Verdadero
- ■ Falso

c. El uso de ayudas mecánicas en el parto favorece al nacimiento de las crías.

- ■ Verdadero
- ■ Falso

5. ¿Cuál de las siguientes afirmaciones es correcta?

a. Para los animales que requieren un sacrificio de urgencia se actuará de forma rápida y se transportarán aislados del resto de animales.
b. Los recintos para bovinos deben ubicarse lejos de zonas urbanas.
c. Los ganaderos deben mantener un libro de tratamientos y recetas veterinarias.
d. Todas las opciones son correctas.

Explotaciones vacuno de cebo. Prácticas de higiene

Contenido

Objetivos

El objetivo general de esta Unidad de Aprendizaje es:

→ Aplicar la reglamentación en materia de higiene de los alimentos, así como en el control de la seguridad alimentaria en las explotaciones de vacuno de cebo.

Los objetivos específicos de esta Unidad de Aprendizaje son:

→ Conocer las directrices correctas sobre las regulaciones y los requisitos legales en materia de higiene y seguridad alimentaria que se deben cumplir en las explotaciones.

→ Conocer las directrices correctas para el uso adecuado de recursos, la gestión responsable de residuos y la adopción de medidas preventivas para reducir el riesgo de enfermedades y contaminación.

→ Mejorar las condiciones de higiene en la explotación de vacuno de cebo para garantizar la salud de los animales y la calidad de los productos finales.

1. Introducción

El sector de vacuno de carne va desde las vacas nodrizas explotadas en extensivo hasta los cebadores de engorde de animales y, ocasionalmente, incluye el transporte de los animales a centros de sacrificio o mataderos.

En este sector, los animales son criados específicamente con el propósito de alcanzar un peso óptimo para el sacrificio en el menor tiempo posible. Esto se logra a través de una dieta controlada y alta en calorías, combinada con prácticas de manejo que promueven un rápido crecimiento.

La industria de la carne de vacuno en España presenta una gran diversidad en sus tipos comerciales, incluyendo la producción de ternera o ternera rosada, añojo, carne de vaca y ternera blanca. Esta variedad conlleva múltiples sistemas productivos entre los ganaderos.

Entre ellos se encuentran los productores de terneros, quienes son propietarios de vacas de aptitud lechera y venden los terneros; los productores de vacas nodrizas, que engordan sus propios terneros; y los cebaderos especializados, que adquieren animales de diversas regiones de España y del extranjero.

El vacuno de cebo es una parte importante de la industria cárnica, ya que proporciona una fuente significativa de carne de res para el consumo humano.

En general, este sector ha enfrentado desafíos como la volatilidad de los precios de la carne, los altos costos de alimentación y la competencia con otros productores tanto a nivel nacional como internacional.

Sin embargo, España cuenta con una sólida industria ganadera y una larga tradición en la producción de carne de vacuno, lo que le proporciona una base estable para el desarrollo continuo del sector del vacuno de cebo.

En esta ocasión, nos vamos a basar en el caso de María, la tercera de las hermanas que va a llevar una explotación de cebo de engorde para la venta final.

2. Buenas prácticas de higiene en la producción

☞ **HILO CONDUCTOR**

María va a adquirir algunos de los terneros de Juan para criarlos para cebo de engorde.

Ella ha construido instalaciones de engorde de los terneros, separando por edad y peso cada lote. Dichas instalaciones proporcionan protección contra las condiciones extremas, un ambiente limpio y confortable y, además, tiene espacios funcionales como los pasillos de alimentación, donde dispondrá el pienso para los animales, el lazareto donde llevar los animales enfermos o la manga de manejo para el tratamiento de animales enfermos. Los animales están identificados según la normativa vigente.

Alimenta a los novillos jóvenes a base de lactoreemplazantes y a los adultos a base de piensos y forrajes.

Mantiene correctamente identificados y almacenados los alimentos, los tratamientos veterinarios y los biocidas, siguiendo las indicaciones dadas para una correcta higiene.

Sigue las indicaciones para el bienestar animal, el manejo general de la ganadería y contrata a personal cualificado para su mantenimiento, limpieza, higiene y desecho de purines, envases y cadáveres según la normativa vigente.

2.1. Alimentación animal

Se han de establecer programas de alimentación acordes a las necesidades nutritivas de los animales en cada fase productiva.

DEFINICIÓN

Pienso
Cualquier sustancia o producto, incluidos los aditivos, destinado a la alimentación por vía oral de los animales, pudiendo haber sido parcial o completamente transformado.

Programas de alimentación

Se implementarán programas de alimentación adaptados a las necesidades nutricionales y al bienestar de los animales en cada etapa de producción con ajustes graduales para evitar impactos negativos en su salud. Estos programas también deben garantizar la seguridad alimentaria y proteger el medio ambiente. Todos los alimentos y forrajes proporcionados a los animales deben mantener condiciones higiénicas adecuadas.

DEFINICIÓN

Lactoreemplazante
Alimento que se utiliza para sustituir la alimentación líquida con leche materna. Obtenido a partir de subproductos de industrias lácteas.

Destacan los lactoreemplazantes y la alimentación sólida:

- **Lactoreemplazantes.** Durante las primeras semanas, la dieta de los animales suele basarse en leche y en un sustituto de esta, el lactoreemplazante. Su suministro debe seguir indicaciones del fabricante en condiciones higiénicas. Los sacos deben almacenarse adecuadamente, protegidos de la luz solar, de plagas, de la humedad y en una temperatura óptima.
- **Alimentación sólida.** Estos incluyen piensos y/o concentrados y forrajes.

  - **Piensos y/o concentrados:** los piensos deben formar parte de un programa de alimentación adecuado para alcanzar los objetivos productivos y el bienestar animal. Deben suministrarse en comederos higiénicos y garantizar el acceso adecuado para los animales, con opción de alimento disponible libremente.

◑ **Forrajes:** deben cumplir con la normativa vigente y formar parte de un programa de alimentación adecuado. Deben suministrarse en comederos higiénicos, garantizando un acceso adecuado y disponibilidad constante para los animales.

Plan de limpieza y mantenimiento de los equipos de alimentación

Se aconseja establecer un programa de limpieza y de mantenimiento para garantizar la higiene de los equipos de alimentación en la explotación ganadera. Esto incluye el control diario y la desinfección periódica de comederos, bebederos y otros equipos.

Hay que realizar una minuciosa limpieza diaria en los equipos utilizados para la alimentación líquida de animales jóvenes, previniendo así infecciones. Además, se recomienda implementar un programa de control de plagas para reducir riesgos de contaminación y enfermedades transmitidas por insectos y roedores.

Recepción, conservación y control de la trazabilidad de piensos y materias primas utilizadas en la alimentación animal

Se debe garantizar que los piensos y forrajes se transporten, se reciban y se almacenen de tal manera que se minimice el riesgo de contaminación cruzada. Se recomienda establecer un programa para la recepción y conservación de estas materias primas y piensos y todo ha de quedar registrado:

➲ **Recepción.** Se recomienda que el vehículo de transporte pase por un vado sanitario para prevenir la transmisión de enfermedades. Los proveedores deben garantizar la higiene y la seguridad de los piensos y forrajes. Se debe establecer un protocolo de inspección y una toma de muestras de los piensos y forrajes recibidos.

➲ **Conservación.** Se han de establecer protocolos de conservación en lugares frescos y secos para alimentos. Los sacos de lactoreemplazante se deben almacenar adecuadamente. Se recomienda almacenar las materias primas y los piensos bajo cubierta o en materiales aislantes. Los piensos deben usarse pronto y revisarse visualmente para detectar sustancias extrañas. El programa debe concretar un protocolo para piensos dañados y la limpieza del recinto de almacenamiento.

➲ **Trazabilidad.** Los productos para la alimentación animal deben venir acompañados de un albarán con datos del proveedor y del producto (tipo de producto y cantidad). Se recomienda que los piensos también incluyan información como el lote de fabricación, la clasificación del producto y especie de destino, la composición analítica y aditivos, el modo de empleo, la fecha de consumo y el registro del fabricante. Es necesario llevar registros de entrada de piensos según la normativa. Se sugiere realizar análisis periódicos para verificar la calidad y composición de los productos recibidos.

Agua

El suministro de agua de calidad es fundamental para los animales. Se recomienda el acceso libre a bebederos limpios y de nivel constante. Es necesario renovar el agua regularmente para evitar contaminaciones. Se debe controlar la calidad del agua según los estándares establecidos y tomar medidas para corregirla si es necesario, quedando todo registrado.

2.2. Medidas sanitarias y de bienestar animal

Se describen de forma individual cada una de las medidas.

- **Calificación sanitaria, estado y programa de prevención de enfermedades.** Existen programas de erradicación de enfermedades según la normativa vigente. Normativa que define la calificación sanitaria de los cebaderos.
  Se recomienda establecer protocolos sanitarios de recepción de terneros para prevenir enfermedades y mejorar la rentabilidad de la explotación. Esto incluye medidas como rehidratación, complejo vitamínico mineral, tratamiento antiparasitario y vacunación preventiva, según el estado sanitario de los animales. También es importante establecer un protocolo de vigilancia y tratamiento para los animales afectados por enfermedades.
- **Tratamientos veterinarios.** Se debe utilizar el material adecuado y limpio para aplicar productos veterinarios. Estos deben ser recetados por un veterinario según la normativa vigente y la receta debe conservarse durante cinco años. Además, se exige llevar un registro de tratamientos veterinarios durante al menos tres años, completado por el propietario y el veterinario responsable. Si los animales se venden antes de que termine el periodo de supresión de los tratamientos, el comprador debe ser informado.
- **Control de vectores.** Es recomendable vigilar a todos los animales que llegan a la explotación y evitar el acceso de animales domésticos y aves

a las áreas de alimentación. Por razones de bioseguridad, se aconseja cercar la explotación y desinfectar los vehículos que ingresan.

Se debe restringir la entrada de personal ajeno y proporcionarles ropa y calzado adecuados. También se requiere un plan de desinsectación, desratización y control de aves, con registros periódicos de mantenimiento.

 DEFINICIÓN

Calificación sanitaria

Se refiere a la evaluación oficial del estado sanitario de una instalación, como un cebadero o una explotación ganadera, realizada por las autoridades competentes.

 APLICACIÓN PRÁCTICA

Si fueses la persona propietaria de una explotación en la que has usado productos veterinarios, ¿qué deberías tener en cuenta para el bienestar animal?

Solución

Para un correcto procedimiento teniendo en cuenta el bienestar animal, el registro de los tratamientos debes conservarlo al menos 5 años, pero también se deben establecer protocolos sanitarios para prevenir enfermedades, así como mantener limpio y en condiciones higiénicas adecuadas el material e informar siempre al comprador si el periodo de supresión de los tratamientos no ha terminado.

Bienestar animal y manejo general en la explotación

Se considera el transporte, la carga y descarga de animales, la observación de los animales, las instalaciones y la limpieza de alojamientos:

- ➲ **Transporte de terneros.** El transporte de terneros a la explotación es estresante y afecta a su respuesta inmunológica. Por lo tanto, es crucial que las condiciones y la duración del transporte sean óptimas, cumpliendo con la normativa vigente.

- **Carga y descarga de animales.** Se debe establecer un protocolo para la carga y descarga de los animales, realizándolas de forma tranquila para reducir el estrés. Para ello, se recomienda contar con embarcaderos adecuados y personal suficiente. Tras la llegada a la explotación, los animales deben tener acceso a espacios amplios con agua y alimento.

- **Observación de los animales.** Al llegar a la explotación, se recomienda establecer un protocolo de manejo para recuperar a los animales del estrés causado por el transporte. Esto incluiría un protocolo sanitario para la recepción y vigilancia de terneros, apartando cualquier animal enfermo del resto del lote a zonas habilitadas como el lazareto. Diariamente se debe controlar el ganado, su estado de salud, a primera y última hora del día, y que estos se encuentren correctamente identificados (uso de crotales para identificación individual). Los animales y sus marcas deben quedar correctamente registrados.

- **Instalaciones.** Se recomienda que las instalaciones para animales de cebo proporcionen protección contra las condiciones climáticas extremas, un ambiente limpio y confortable y buenas condiciones sanitarias. Deben ser funcionales y versátiles, con facilidades para agrupar a los terneros por edad y peso, asegurando el bienestar de los animales y reduciendo el riesgo de infecciones. Es aconsejable tener áreas separadas para terneros enfermos, el lazareto, donde no pasen los vientos dominantes para evitar contagios y, además, en las instalaciones debe existir un sistema de suministro de agua adaptable para tratamientos.
  Se recomienda contar con instalaciones adicionales como embarcaderos, parques de recepción, almacén y mangas de manejo para facilitar las operaciones y tratamientos de los animales.

- **Limpieza de alojamientos.** Se recomienda elaborar un programa de limpieza y mantenimiento para garantizar la higiene de las instalaciones. Este programa debe incluir la limpieza periódica y la desinfección de los alojamientos, adaptándose a la intensidad de la actividad y las condiciones climáticas. Además, se debe gestionar adecuadamente el estiércol retirado de las instalaciones según el plan de gestión de residuos establecido por el propietario.

El análisis por parte del ganadero asegurando el correcto bienestar en las instalaciones durante la alimentación es muy importante.

2.3. Medidas de control de la contaminación

Se debe prestar especial atención a los medicamentos veterinarios, los biocidas, el almacenamiento, la manipulación, el tratamiento y la eliminación de residuos y cadáveres. Todas estas medidas han de quedar correctamente registradas y a disposición de la autoridad competente:

- ⮡ **Medicamentos veterinarios.** Los productos veterinarios deben almacenarse correctamente según las instrucciones de los prospectos, considerando la temperatura, la luz y la humedad. Deben guardarse en un lugar seguro, aislado y fuera del alcance de niños y animales.
  La administración de tratamientos veterinarios debe seguir los protocolos sanitarios establecidos. El personal encargado debe estar capacitado y usar el equipo adecuado.
- ⮡ **Biocidas.** Los productos utilizados en limpieza, desinfección, desinsectación y desratización deben almacenarse separados de los piensos, estar correctamente envasados y conservados fuera del alcance de niños y animales. Se debe conservar la información sobre la entrada de biocidas, como albaranes o facturas, para un mejor control y trazabilidad.
- ⮡ **Almacenamiento, manipulación, tratamiento y eliminación de residuos y cadáveres.** Se recomienda crear un plan de gestión en la explotación conforme a la normativa autonómica vigente. Este plan debe abordar el almacenamiento de los residuos de tratamientos veterinarios y de los envases de medicamentos y biocidas en contenedores designados, así como la frecuencia y la entidad encargada de retirar estos residuos de la explotación, siguiendo las regulaciones establecidas por la normativa correspondiente.

Cuando un animal muere en la explotación se debe retirar con precaución, siguiendo las pautas de bioseguridad según la normativa vigente. Es esencial trasladar el cadáver lejos de los animales vivos, preferiblemente fuera de la explotación, o en su límite, utilizando un vehículo desinfectado. Se recomienda cubrir el cadáver y limpiar la zona afectada según el protocolo de limpieza establecido.

2.4. Personal

El personal a cargo de la explotación debe estar cualificado y tener conocimiento en la prevención de riesgos laborales en la explotación.

Es aconsejable implementar un plan regular de formación para los trabajadores de la explotación. Este debe estar adaptado a sus responsabilidades específicas, enfocado en higiene y bienestar animal. Los responsables deben comunicar claramente la importancia de seguir las normas de bienestar animal y seguridad en el trabajo a todo el personal.

Los productos tóxicos deben aplicarse en áreas bien ventiladas y los trabajadores deben usar el equipo de protección adecuado según las indicaciones del fabricante. Se debe promover la ventilación en las instalaciones para evitar la concentración de agentes nocivos. Además, el propietario debe proporcionar un servicio de vigilancia médica periódica a los trabajadores según la legislación vigente.

 TAREA 3

María, quien ya sabemos que ha adquirido terneros para engorde de su hermano Juan y que ya está en sus fases iniciales, ha decidido mejorar la higiene en su explotación siguiendo las directrices indicadas en esta unidad.

Realiza un análisis de la situación actual y describe qué aspectos consideras que debería mejorar y cuáles son los resultados que María espera obtener con la mejora.

3. Registros

 HILO CONDUCTOR

María tiene conocimientos exhaustivos sobre la normativa vigente, por eso se ha metido en esta aventura de la ganadería de vacuno de cebo y, gracias a su carácter organizado, tiene la capacidad de mantener todos los registros pertinentes de la explotación al día e identificar todo correctamente. Sin embargo, sus hermanos Santiago y Juan, gracias a la experiencia anterior, le recuerdan los principales registros a mantener para que a ella no se le escape ningún detalle.

La producción primaria debe implementar medidas para asegurar la disponibilidad constante de información a las autoridades. Esto implica mantener registros que permitan rastrear tanto la procedencia de los productos y animales comercializados (trazabilidad hacia delante) como los medios de producción asociados a animales y piensos (trazabilidad hacia atrás). Como se ha comentado en unidades anteriores, los principales registros que el ganadero debe tener son el REGA (Registro general de explotaciones ganaderas) y el Libro de registro de la explotación.

 RECUERDA

Los registros establecidos son la guía sanitaria, el documento de identificación, las marcas de identificación (crotales), el REGA, el Libro de registro de explotación, los productos utilizados en la alimentación animal, los medicamentos veterinarios y sus recetas, las entradas de biocidas y el registro de tratamientos de estos y el control de calidad del agua.

4. Legislación

☞ HILO CONDUCTOR

Gracias a los conocimientos durante sus estudios, María conoce la legislación vigente actual y tiene la capacidad de buscar en los organismos oficiales la información que necesita al respecto.

La legislación relacionada con la producción de vacuno de cebo mantiene normativas mencionadas en la primera y segunda unidad, y añade las siguientes normativas:

➲ **Normativa europea:**

❂ Reglamento (CE) n.º 183/2005 del Parlamento Europeo y del Consejo, de 12 de enero de 2005, por el que se fijan requisitos en materia de higiene de los piensos.

❂ Reglamento (CE) n.º 178/2002 del Parlamento Europeo y del Consejo, de 28 de enero de 2002, por el que se establecen los principios y los requisitos generales de la legislación alimentaria, se crea la Autoridad Europea de Seguridad Alimentaria y se fijan procedimientos relativos a la seguridad alimentaria.

➲ **Normativa nacional (España):**

❂ Real Decreto 3/2023, de 10 de enero, por el que se establecen los criterios técnico-sanitarios de la calidad del agua de consumo, su control y suministro.

❂ Real Decreto 629/2019, de 31 de octubre, por el que se regula el registro general de establecimientos en el sector de la alimentación animal, las condiciones de autorización o registro de dichos establecimientos y de los puntos de entrada nacionales, la actividad de los operadores de piensos, y la Comisión nacional de coordinación en materia de alimentación animal.

❂ Real Decreto 363/2009, de 20 de marzo, por el que se modifica el Real Decreto 1559/2005, de 23 de diciembre, sobre condiciones básicas que deben cumplir los centros de limpieza y desinfección de los vehículos dedicados al transporte por carretera en el sector ganadero y el Real Decreto 751/2006, de 16 de junio, sobre autorización y registro de transportistas y medios de transporte de animales y por el que se crea el Comité español de bienestar y protección de los animales de producción.

◊ Real Decreto 51/2004, de 19 de enero, por el que se modifica el Real Decreto 2611/1996, de 20 de diciembre, por el que se regulan los programas nacionales de erradicación de enfermedades de los animales.

◊ Real Decreto 1716/2000, de 13 de octubre, sobre normas sanitarias para el intercambio intracomunitario de animales de las especies bovina y porcina.

◊ Real Decreto 348/2000, de 10 de marzo, por el que se incorpora al ordenamiento jurídico la Directiva 98/58/CE, relativa a la protección de los animales en las explotaciones ganaderas.

◊ Real Decreto 1749/1998, de 31 de julio, por el que se establecen las medidas de control aplicables a determinadas sustancias y sus residuos en los animales vivos y sus productos.

◊ Real Decreto 2611/1996, de 20 de diciembre, por el que se regulan los programas nacionales de erradicación de enfermedades de los animales.

5. Resumen

Se deben implementar programas de alimentación adaptados a las necesidades nutricionales y al bienestar de los animales en cada etapa de producción, con ajustes graduales para evitar impactos negativos en su salud. Se comienza la alimentación a edad temprana a base de lactoreemplazantes y se continúa con una alimentación sólida compuesta por piensos y forrajes. Se aconseja establecer un programa de limpieza y mantenimiento para garantizar la higiene de los equipos de alimentación.

Se recomienda establecer protocolos sanitarios de recepción de terneros, así como de carga y de descarga de los animales para prevenir enfermedades, reducir el estrés y mejorar la rentabilidad de la explotación. Se debe utilizar el material adecuado y limpio para aplicar productos veterinarios. Es recomendable vigilar a todos los animales que llegan a la explotación y evitar el acceso de animales domésticos y aves a las áreas de alimentación.

Se recomienda que las instalaciones para animales de cebo proporcionen protección contra las condiciones climáticas extremas, un ambiente limpio y confortable, y buenas condiciones sanitarias. Deben ser funcionales y versátiles, y hay que elaborar un programa de limpieza y mantenimiento para garantizar la higiene de las instalaciones.

Los productos veterinarios deben almacenarse correctamente según las instrucciones de los prospectos considerando la temperatura, la luz y la humedad. Los productos utilizados en limpieza, desinfección, desinsectación y desratización deben almacenarse separados de los piensos, envasados adecuadamente y fuera del alcance de niños y animales. Se debe hacer una gestión adecuada de residuos, incluyendo la retirada de cadáveres de animales.

El personal a cargo de la explotación debe estar cualificado y tener conocimiento en prevención de riesgos laborales en la explotación e implementar un plan regular de formación para los trabajadores de la explotación.

Se deben mantener los registros que permitan rastrear tanto la procedencia de los productos y animales comercializados conforme a la normativa vigente.

Ejercicios de autoevaluación
Unidad de Aprendizaje 3

1. De las siguientes frases, indica cuál es verdadera o falsa:

    a. Durante las primeras semanas, la dieta de los animales suele basarse en leche y de un sustituto de esta, el lactoreemplazante.

        ■ Verdadero
        ■ Falso

    b. Los piensos deben formar parte de un programa de alimentación adecuado para alcanzar los objetivos productivos y el bienestar animal.

        ■ Verdadero
        ■ Falso

    c. Se recomienda que los piensos también incluyan información como el lote de fabricación, la clasificación del producto y especie de destino, la composición analítica y aditivos, el modo de empleo, la fecha de consumo y el registro del fabricante.

        ■ Verdadero
        ■ Falso

2. ¿Cuál de las siguientes afirmaciones es correcta?

    a. Los proveedores deben garantizar la higiene y seguridad de los piensos y forrajes.
    b. Se recomienda almacenar las materias primas y los piensos bajo cubierta o en materiales aislantes.
    c. Es necesario renovar el agua regularmente para evitar contaminaciones.
    d. Todas las opciones son correctas.

3. De las siguientes frases, indica cuál es verdadera o falsa:

a. Cualquier persona y animal que le acompañe pueden acceder a la explotación.

   ■ Verdadero
   ■ Falso

b. Para la carga y descarga de animales basta con una correcta observación.

   ■ Verdadero
   ■ Falso

c. Las instalaciones para animales deben ser funcionales y versátiles, con facilidades para agrupar los terneros por edad y peso, asegurando el bienestar de los animales y reduciendo el riesgo de infecciones.

   ■ Verdadero
   ■ Falso

4. ¿Cuál de las siguientes acciones no se considera parte de las medidas de control de la contaminación?

a. Las medidas de control de la contaminación han de quedar correctamente registradas y a disposición de la autoridad competente.
b. Los productos de limpieza y alimentación pueden almacenarse juntos.
c. El personal encargado debe estar capacitado y usar el equipo adecuado.
d. Es esencial trasladar el cadáver lejos de los animales vivos, preferiblemente fuera de la explotación, o en su límite, utilizando un vehículo desinfectado.

5. ¿Cuál de las siguientes afirmaciones no es correcta?

a. El personal a cargo de la explotación debe estar cualificado y tener conocimiento en prevención de riesgos laborales en la explotación.
b. Es aconsejable implementar un plan regular de formación para los trabajadores de la explotación.

c. Los productos tóxicos deben aplicarse en áreas bien ventiladas y los trabajadores deben usar equipo de protección
   adecuado según las indicaciones del fabricante.
d. Todas las opciones son correctas.

GBP Transporte de ovino y caprino

Contenido

Objetivos

El objetivo general de esta Unidad de Aprendizaje es:

→ Descubrir las prácticas recomendadas para el transporte con el objetivo de desarrollarlas en condiciones óptimas de bienestar, higiene y salud animal.

Los objetivos específicos de esta Unidad de Aprendizaje son:

→ Conocer las directrices para mejorar el bienestar animal durante el transporte, proporcionando a los operadores una comprensión más profunda y una mejor aplicación de la legislación existente, sin agregar nuevas obligaciones legales adicionales a las ya se exigen para el transporte.

→ Conocer las directrices indicadas en la normativa para la realización de las tareas, por parte de los operarios, en las mejores condiciones posibles para evitar accidentes.

→ Asegurar el bienestar de los animales en todas las etapas del transporte cumpliendo con las normativas vigentes.

1. Introducción

El transporte de animales vivos es fundamental en la actividad ganadera, en la industria y en la comercialización a nivel global. Sin él, el comercio mundial no sería posible, siendo un actor clave en la cadena de suministro.

En el comercio nacional, el transporte por carretera constituye entre el 90 % y el 99 % del total, siendo predominante sobre las opciones marítimas, ferroviarias y aéreas. En el ámbito intracomunitario, el transporte se realiza principalmente mediante camiones de ganado.

Al cumplir con la normativa vigente, se asegura el bienestar animal durante el transporte. Además, cabe destacar la importancia del papel humano en todas las operaciones relacionadas con el transporte de ganado, incluyendo un apartado crucial para prevenir accidentes y promover la prevención de riesgos laborales.

El adecuado seguimiento de una serie de recomendaciones proporcionadas para el transporte de animales podría sentar las bases para modernizar el sector ovino y caprino, promoviendo medidas a favor del bienestar animal, la protección del medio ambiente y la mejora de la calidad del producto final.

El transporte de ganado ovino y caprino se rige por normativas, tanto nacionales como europeas, que establecen requisitos específicos para garantizar el bienestar animal durante el traslado.

Los profesionales del sector están comprometidos con el bienestar animal durante el transporte y se esfuerzan por cumplir con las normativas vigentes y seguir las recomendaciones establecidas en las guías de buenas prácticas. Esto contribuye a asegurar que los animales lleguen a su destino en condiciones óptimas y minimiza los riesgos de accidentes o las situaciones que puedan afectar su salud y bienestar.

En esta ocasión, nos centramos en el caso Santiago que, con ayuda de sus hermanos Juan y María, van a realizar el transporte de un lote de cabras fuera de la explotación.

2. Buenas prácticas en el transporte

☞ HILO CONDUCTOR

Santiago y sus hermanos van a transportar un lote de cabras de la explotación e identifican los posibles riesgos y puntos de control en cada fase desde la preparación del transporte hasta la limpieza y desinfección del vehículo.

Lo primero que hacen para el transporte de los animales es contactar con la empresa de transporte para alquilar uno de sus vehículos, les piden toda la documentación pertinente, definen el itinerario de viaje y llaman al lugar de recepción.

Santiago y sus hermanos preparan toda la documentación necesaria, organizan a los animales en grupos homogéneos, se aseguran de la correcta identificación de los animales y comprueban su estado sanitario para asegurar la trazabilidad y bienestar animal.

Una vez han traído el vehículo a la explotación realizan la carga tomando las precauciones necesarias, tales como la buena iluminación de la zona de carga, la pendiente de la rampa al vehículo, se comprueba que la rampa sea antideslizante y se realiza la carga sin prisa para no sufrir accidentes, asegurando así el bienestar de las cabras.

El transporte lo realizan por carretera y en el tiempo estimado con una conducción suave y realizando paradas para alimentar y dar de beber a los animales durante las primeras horas de la mañana.

Una vez llegados al punto de descarga y usando los equipos individuales de seguridad adecuados, realizan la descarga con precaución evitando accidentes y asegurándose del estado sanitario de los animales.

Por último, y antes de devolver el vehículo a la empresa de alquiler, realizan la limpieza, desinsectación y desinfección de este con el equipo de protección adecuado.

2.1. Flujos del transporte

Lo primero que se debe conocer son los diferentes flujos del transporte. Los animales se recogen en la explotación y se llevan al centro de tipificación si lo hay si no, se transportan directamente a los cebaderos, al mercado (dependiendo del tipo animal y su destino) o se exportan en vivo. De los cebaderos ya se transportan al centro de sacrificio, donde termina la cadena de transporte. Como ejemplo se puede observar el siguiente esquema:

Diagrama de flujo del transporte

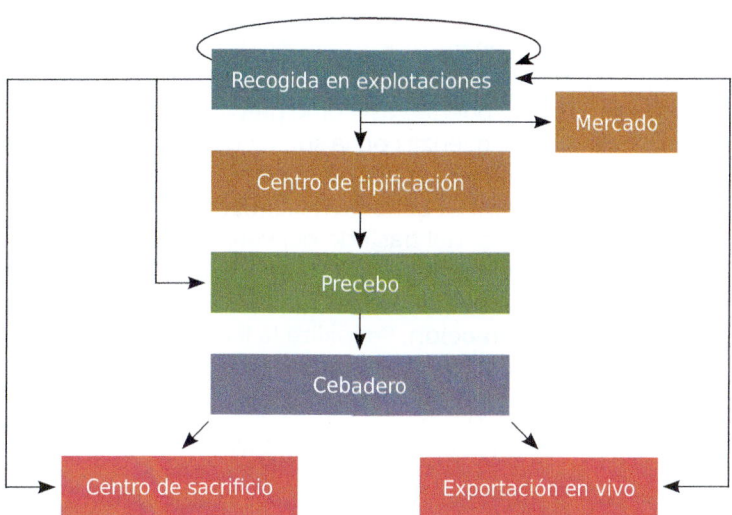

 **DEFINICIÓN**

Centro de tipificación
Explotación donde se reciben animales, se clasifican o seleccionan en lotes según peso, sexo, raza y conformación, y se preparan para su sacrificio, engorde (cebadero) o bien, exportación en vivo.

- -

2.2. Etapas en el transporte de ganado

Las etapas que se pueden distinguir en el transporte son las que se describen a continuación:

➲ **Preparación para el transporte.** En esta fase se llevan a cabo todas las preparaciones previas antes de que el vehículo se dirija a la zona de carga de los animales. Esto incluye tareas como establecer contacto con los proveedores y receptores, definir el itinerario, preparar la documentación necesaria, realizar ajustes técnicos en el vehículo y asegurarse de que el libro del vehículo de transporte esté completo.

⮞ **Preparación para la carga.** En la preparación para la carga del ganado se realizan diversas tareas, desde la llegada del vehículo hasta la carga del primer animal. Estas tareas incluyen la preparación del vehículo, la organización de los animales en grupos homogéneos, el control del estado sanitario y aptitud de los animales, la verificación de la existencia de crotales en todos los animales y la revisión de la documentación necesaria.

⮞ **Carga.** Durante la carga se sube a los animales al vehículo, lo que implica abrir y cerrar puertas, así como preparar los diferentes niveles o alturas. Esta tarea comienza con la subida del primer animal y finaliza con la del último. Se sugiere que al menos dos personas intervengan en esta labor para garantizar su correcto desarrollo.

⮞ **Transporte.** Se trata del traslado del vehículo que transporta a los animales desde el punto de origen, al lugar de carga, hasta el destino final.

⮞ **Descarga.** Bajar a los animales del vehículo, del primero al último.

⮞ **Limpieza y desinfección.** Se realiza la limpieza del vehículo utilizando desinfectantes para eliminar agentes patógenos y prevenir la propagación de enfermedades, manteniendo así un adecuado nivel de higiene y salud animal.

2.3. Recomendaciones para las buenas prácticas en las diferentes etapas del transporte

Las recomendaciones dirigidas a las operaciones de transporte, desde el agrupamiento hasta la llegada al destino, se centran en reducir el estrés experimentado por los animales durante el proceso. Para mejorar estas condiciones, es crucial comprender las principales causas de estrés, que incluyen el encuentro con animales desconocidos, el proceso de carga y descarga, los movimientos del vehículo, la exposición a nuevos olores y ruidos, y la presencia humana.

Estas recomendaciones se verán etapa a etapa.

Preparación para el transporte

Las indicaciones a tener en cuenta para la preparación para el transporte son las que se describen a continuación:

⮞ **Peligro.** Se encuentran los siguientes peligros:

　　↻ Encontrar el lugar de carga.

- Acceso al lugar de carga.
- Sin presencia de muelle de carga.
- Uso de un vehículo no adaptado a ovejas y cabras.

➲ **Puntos críticos (personal y animal).** Para el personal son el nerviosismo, los accidentes, la irritación y las complicaciones en la tarea de carga. Para el animal son: aumento del tiempo de espera de los animales en el vehículo, accidentes, golpes, nerviosismo, fugas, desorden, estrés, negativa de los animales a avanzar y falta de comodidad.

➲ **Precauciones.** Se deben tomar las siguientes precauciones:

- Especificar la cantidad de puntos de recogida.
- Establecer un itinerario detallado desde el lugar de carga.
- El conductor debe comunicarse con el destino antes de partir.
- Limpiar el camino y mejorar los accesos a las explotaciones.
- Preparar un muelle de carga con vallas cerradas para desorientar a los animales.
- Acondicionar el vehículo adecuadamente para el transporte de ganado ovino y caprino.

➲ **Vigilancia y registro.** Se debe evaluar el tiempo que el animal se encuentra dentro del vehículo.

➲ **Recomendaciones.** Las recomendaciones a seguir son:

- El conductor debe estar equipado con un teléfono móvil para emergencias, cuyo número debe ser conocido por el lugar de carga y viceversa.
- Se debe acceder al lugar de carga con el vehículo de la explotación.
- Si es posible, se recomienda construir un muelle de carga más ancho que los vehículos de transporte de ganado.
- Se deben utilizar vehículos adaptados específicamente para el transporte de ganado ovino y caprino.

Preparación para la carga

Las indicaciones a tener en cuenta para la preparación para la carga son las siguientes:

➲ **Peligro.** Se encuentran los siguientes peligros:

- No tener los animales bien localizados e identificados.
- No tener los animales organizados en grupos homogéneos.
- Se entremezclen animales que no se conocen.

- **Puntos críticos (personal y animal).** Para el personal son pisotones, golpes y magulladuras.
  Para el animal son descontrol, confusión, huidas, estrés, comportamiento negativo de los animales, golpes entre ellos y accidentes.
- **Precauciones.** Se deben tomar las siguientes precauciones:

  - Especificar la cantidad de puntos de recogida.
  - Establecer un itinerario detallado desde el lugar de carga.
  - El conductor debe comunicarse con el destino antes de partir.
  - Limpiar el camino y mejorar los accesos a las explotaciones.
  - Preparar un muelle de carga con vallas cerradas para desorientar a los animales.
  - Acondicionar el vehículo adecuadamente para el transporte de ganado ovino y caprino.

- **Vigilancia y registro.** Se deben registrar los crotales de identificación y los grupos homogéneos.
- **Recomendaciones.** Las recomendaciones a seguir son:

  - Entrar al lugar con calma y sin apuros, marcando y verificando la aptitud física y el estado sanitario de los animales antes de cargarlos.
  - Organizar los animales en grupos homogéneos por tamaño, peso y origen, sin mezclar grupos sociales diferentes para evitar jerarquías.
  - Usar los equipos de protección adecuados, calzados y guantes.

Carga

Las indicaciones a tener en cuenta para la carga son las siguientes:

- **Peligro.** Se encuentran los siguientes peligros:

  - Comportamiento negativo de los animales llegando incluso a no avanzar o parándose en la rampa de acceso al vehículo.
  - Carga de animales que ya han sido cargados anteriormente.
  - Carga de hembras preñadas.
  - Carga de los animales desde su lugar habitual, con pendientes excesivas y entrada del personal al recinto.
  - Carga nocturna.
  - Carga de animales muy jóvenes.
  - Aperturas de compuertas del vehículo o uso de rampas de acceso al mismo.
  - Carga en vehículos de alta capacidad.

- **Puntos críticos (personal y animal).** Para el personal son pisotones, golpes, magulladuras, heridas, pérdidas de tiempo, nerviosismo, caídas, falta de visibilidad, lesiones en extremidades, espalda y cabeza.
Para el animal son golpes, accidentes, estrés, fugas, desorden, aborto, huidas, rechazo a salir del recinto, caídas, negativa a subir, descontrol, contraer enfermedades y estrés climático por condiciones inadecuadas.

- **Precauciones.** Se deben tomar las siguientes precauciones:

  - Entrar en el área de los animales sin prisa y sin levantar la voz.
  - Preparar un muelle de carga cerrado para facilitar la carga.
  - Utilizar una manga con paneles laterales sólidos para dirigir a los animales hacia el camón.
  - Prohibir el uso de picas eléctricas.
  - Mantener la rampa con una inclinación máxima de 25°.
  - Asegurar una buena iluminación en la zona de carga.
  - Dividir el interior del vehículo con barreras para separar la carga.
  - Reducir el número de animales por carga para aumentar el espacio disponible.
  - Cargar en grupos homogéneos pequeños sin mezclar jóvenes con mansos.
  - Organizar a los animales en grupos homogéneos.
  - Iluminar adecuadamente la zona de carga y el camino hacia ella.
  - Utilizar perros entrenados si es necesario.
  - Cubrir las rampas con materiales antideslizantes como serrín o con escalones especiales.
  - Equiparse con guantes y calzado de seguridad.

- **Vigilancia y registro.** Se debe vigilar la fecha de parto de las hembras preñadas.

- **Recomendaciones.** Las recomendaciones a seguir son:

  - Utilizar elementos ruidosos como cañas o sacos vacíos para animar a los animales a avanzar.
  - Emplear mansos y perros adiestrados correctamente.
  - Equipar los vehículos con focos traseros que iluminen la zona de carga sin deslumbrar a los animales ni a los operarios.
  - Evitar cargar ovejas tres semanas antes de la fecha esperada del parto.
  - Construir un muelle de carga o habilitar una zona específica para ello.
  - Iluminar adecuadamente el recorrido del animal, la rampa y el interior del vehículo.
  - No cargar animales menores de 25 días de edad.
  - Asegurarse de que los animales tengan libertad de movimiento y la cabeza en posición erguida para garantizar la ventilación en el interior.

APLICACIÓN PRÁCTICA

A la hora de realizar la carga de los animales al vehículo de transporte existe una serie de peligros que debes reconocer. ¿Cuál de las siguientes situaciones no es uno de los peligros que se da durante la carga?

a. **Acceso al lugar de carga.**
b. **Carga de hembras preñadas.**
c. **Comportamiento negativo de los animales llegando incluso a no avanzar o parándose en la rampa de acceso al vehículo.**
d. **Carga de animales muy jóvenes.**

Solución

Durante la carga, los peligros existentes son:

- Comportamiento negativo de los animales llegando incluso a no avanzar o parándose en la rampa de acceso al vehículo.
- Carga de animales que ya han sido cargados anteriormente.
- Carga de hembras preñadas.
- Carga de los animales desde su lugar habitual, con pendientes excesivas y entrada del personal al recinto.
- Carga nocturna.
- Carga de animales muy jóvenes.
- Aperturas de compuertas del vehículo o uso de rampas de acceso al mismo.
- Carga en vehículos de alta capacidad.

Por tanto, de las situaciones dadas no se considera un peligro el acceso al lugar de carga.

--- --- --- --- --- --- --- --- --- --- --- --- --- --- ---

Transporte

Las indicaciones a tener en cuenta para el transporte son las siguientes:

⮕ **Peligro.** Se encuentran los siguientes peligros:

- Malas condiciones de tráfico.
- Temperaturas extremas.
- Temperaturas extremas para corderos muy jóvenes.
- Aplastamiento y desplazamiento de la carga.

- ◗ Diferentes especies en el mismo transporte.
- ◗ Viajes de larga duración.

- ⊃ **Puntos críticos (personal y animal).** Para el personal son agotamiento y nerviosismo.
  Para el animal son estrés climático, goles y caídas por frenazos, pérdida de peso, enfermarse los animales, lesiones, trastornos, aplastamiento, desnutrición y deshidratación.
- ⊃ **Precauciones.** Se deben tomar las siguientes precauciones:

  - ◗ Mantener condiciones adecuadas de ventilación en el vehículo.
  - ◗ Instalar ventanas practicables para garantizar la circulación de aire y evitar el frío durante el transporte.
  - ◗ Preparar al conductor para manejar animales de manera adecuada.
  - ◗ Conducir con suavidad, evitando frenazos bruscos y movimientos bruscos del volante.
  - ◗ Equipar el interior del vehículo con barreras de separación o dispositivos antiaplastamiento para dividir la carga en compartimentos.
  - ◗ Evitar mezclar animales de diferentes especies en el mismo vehículo.
  - ◗ Reducir la densidad de carga en viajes largos para permitir que los animales se acuesten durante el trayecto.
  - ◗ Equipar los vehículos con suspensiones neumáticas para mayor comodidad de los animales durante el transporte.

- ⊃ **Vigilancia y registro.** Se debe vigilar el número de animales lesionados y de las bajas producidas, control de las diferentes especies que se transportan.
- ⊃ **Recomendaciones.** Las recomendaciones a seguir son:

  - ◗ Las autoridades competentes tomarán medidas apropiadas para proteger a los animales de las inclemencias del tiempo y las variaciones climáticas.
  - ◗ Conducir durante las primeras horas de la mañana o las últimas de la tarde en caso de temperaturas altas y durante el día en caso de temperaturas bajas.
  - ◗ Evitar paradas innecesarias del vehículo.
  - ◗ Realizar una conducción suave, evitando frenazos bruscos y movimientos bruscos del volante.
  - ◗ Equipar los vehículos con depósitos de agua y bebederos durante el transporte.
  - ◗ Realizar paradas para alimentar a los animales.

Descarga

Las indicaciones a tener en cuenta para la descarga son las siguientes:

- **Peligro.** Se encuentran los siguientes peligros:

  - Llegada de animales a un nuevo entorno.
  - Apertura y cierre de compuertas del vehículo y uso de rampas y ascensores.
  - Excesiva espera de los animales en el vehículo para salir.
  - Descarga nocturna.
  - Descarga de camiones de alta capacidad.

- **Puntos críticos (personal y animal).** Para el personal son caídas, golpes, accidentes, heridas y lesiones.
  Para el animal son estrés, desorden, nerviosismo, golpes, heridas, lesiones, estrés climático, negación a bajar por parte de los animales, tropiezos, caídas y resbalones y parada en seco de la rampa.
- **Precauciones.** Se deben tomar las siguientes precauciones:

  - Garantizar un espacio amplio y adecuado en el lugar de descarga, con agua y paja seca.
  - En caso de lesiones en los animales, se debe llamar al veterinario.
  - Durante la descarga en mercados, se debe evitar cualquier acto de violencia hacia los animales, supervisado por la autoridad veterinaria.
  - Utilizar equipos adecuados de seguridad, incluyendo guantes y calzado.
  - El muelle de descarga debe estar bien acondicionado e iluminado, con suelo antideslizante.
  - Garantizar una buena circulación de aire y una adecuada iluminación, tanto en la zona de descarga como en el camino a seguir por los animales.
  - Se prohíbe el uso de la pica eléctrica.
  - Utilizar materiales antideslizantes en las rampas y tener precaución en la manipulación de compuertas y rampas.

- **Vigilancia y registro.** Se debe vigilar las temperaturas extremas.
- **Recomendaciones.** Las recomendaciones a seguir son:

  - Utilizar perros adiestrados correctamente.
  - Avisar con anticipación a la llegada para preparar el destino para la recepción de la carga.
  - Permitir a los animales beber agua si es necesario.
  - Usar elementos que emitan ruido, como cañas o sacos vacíos, para incentivar a los animales a avanzar.

Limpieza y desinfección

Las indicaciones a tener en cuenta para la limpieza y desinfección son las siguientes:

➲ **Peligro.** Se encuentran los siguientes peligros:

- ◔ Ausencia de limpieza y desinfección.
- ◔ Uso de insecticidas, productos de limpieza y máquinas de presión.
- ◔ Entorno resbaladizo.

➲ **Puntos críticos (personal y animal).** Para el personal son parásitos, resbalones, golpes y magulladuras.
Para el animal son contraer enfermedades o contagiarlas.

➲ **Precauciones.** Se deben tomar las siguientes precauciones:

- ◔ Después de la descarga del vehículo, se debe llevar a cabo una limpieza, desinsectado y desinfección rigurosa.
- ◔ El operario encargado debe llevar el equipo adecuado de protección, incluyendo calzado y ropa impermeable.
- ◔ El centro de sacrificio debe proporcionar una zona equipada con agua a presión y productos de limpieza para que el operario pueda realizar estas tareas de manera efectiva, cerca del estercolero.

➲ **Vigilancia y registro.** Se debe mantener el vehículo con el precinto de seguridad e higiene después de la limpieza, desinsectado y desinfección.

➲ **Recomendaciones.** Las recomendaciones a seguir son:

- ◔ Antes de la carga del ganado se debe realizar la desinfección en el lugar de carga o en un centro cercano.
- ◔ Los operarios lleven insecticida en el vehículo y apliquen la dosis adecuada de productos desinfectantes y desinsectantes.

 TAREA 4

Imagina que Santiago te ha contratado para organizar y supervisar el transporte de un grupo de cabras desde la explotación hasta un mercado local, ¿cómo deberías proceder?

3. Documentos necesarios para realizar el transporte

☞ HILO CONDUCTOR

Santiago y sus hermanos han preparado toda la documentación necesaria para el transporte teniéndola así disponible para las autoridades pertinentes en caso de que se las pidan y donde acreditan entre otras cosas su autorización de transportistas, el origen y propietario de los animales, la fecha y hora de salida, el lugar de destino, el cuaderno de abordo o el plan de contingencias en caso necesario y con los modelos de transporte rellenados correctamente.

Según la Ley 8/2003, de 24 de abril, de sanidad animal, las empresas de transporte de animales deben mantener un registro de todos los desplazamientos de animales realizados por cada vehículo. Este registro, que puede ser físico o electrónico, debe conservarse durante al menos un año e incluir información detallada de los desplazamientos sobre la especie, número, origen y destino de los animales transportados. La información de cada medio de transporte se juntará en un archivo que debe guardarse en la sede social durante al menos 3 años.

Los conductores de los medios de transporte deben llevar a bordo la documentación del traslado y la documentación administrativa pertinente. Los vehículos deben estar autorizados, al igual que la empresa propietaria, por la comunidad autónoma de origen, cumplir las condiciones higiénico-sanitarias y de protección animal y llevar los rótulos indicativos que procedan según la circunstancia de traslado.

La documentación que debe llevarse durante el transporte de animales debe ser y acreditar:

- Original o copia de la autorización del transportista.
- Original o copia de la autorización del medio de transporte.
- El origen y el propietario de los animales.
- El lugar de salida.
- Fecha y hora de salida.
- El lugar de destino previsto.
- La duración prevista del viaje.
- Documentación sanitaria de traslado de los animales.
- Documento de movimiento de ganado.

- Certificado de desinfección del contenedor o medio de transporte.
- Original o copia del certificado de competencia de cuidador.
- Cuaderno de a bordo u hoja de ruta.
- Plan de contingencia con las actuaciones ante cualquier imprevisto y que garantice el bienestar animal y un teléfono de contacto en caso de emergencia.

 PARA SABER MÁS

Los modelos de los documentos de transporte vienen indicados en el apéndice del anexo II del Reglamento (CE) n.º 1/2005 del consejo de 22 de diciembre de 2004 relativo a la protección de los animales durante el transporte y las operaciones conexas y por el que se modifican las Directivas 64/432/CEE y 93/119/CE y el Reglamento (CE) n.º 1255/97.

Puedes consultar esta normativa accediendo desde aquí:

https://redirectoronline.com/agan004po0401

4. Legislación

 HILO CONDUCTOR

Para asegurarse de toda la documentación requerida y tener los modelos de transporte, Santiago y sus hermanos han recurrido a la legislación actual vigente donde viene especificado todo lo necesario.

La principal legislación relacionada con el transporte de la producción de ovejas y cabras son las siguientes:

- **Normativa europea:**
  - Reglamento (CE) n.º 1/2005 del Consejo, de 22 de diciembre de 2004, relativo a la protección de los animales durante el transporte y las operaciones conexas y por el que se modifican las Directivas 64/432/CEE y 93/119/CE y el Reglamento (CE) n.º 1255/97.

- **Normativa nacional (España):**
  - Real Decreto 990/2022, de 29 de noviembre, sobre normas de sanidad y protección animal durante el transporte.
  - Real Decreto 638/2019, de 8 de noviembre, por el que se establecen las condiciones básicas que deben cumplir los centros de limpieza y desinfección de los vehículos dedicados al transporte por carretera de animales vivos, productos para la alimentación de animales de producción y subproductos de origen animal no destinados al consumo humano, y se crea el Registro nacional de centros de limpieza y desinfección.
  - Ley 8/2003, de 24 de abril, de sanidad animal.

5. Resumen

Las etapas que se pueden distinguir en el transporte son la preparación para el transporte, la preparación para la carga, la carga, el transporte propiamente dicho, la descarga y la limpieza y desinfección del vehículo.

Para cada etapa del transporte existen unas indicaciones que se deben tener en cuenta: el posible peligro que se puede encontrar, cuáles son los puntos críticos de cada etapa, las precauciones a tomar, la vigilancia y el registro de todo lo que sucede en cada etapa y las recomendaciones a seguir para un correcto manejo del ganado y el transporte del mismo.

Ejercicios de autoevaluación
Unidad de Aprendizaje 4

1. De las siguientes frases, indica cuál es verdadera o falsa:

a. Durante la carga, se realiza la operación de subir a los animales al vehículo, algo que implica abrir y cerrar puertas, así como preparar los diferentes niveles o alturas.

- ■ Verdadero
- ■ Falso

b. La documentación solo se necesita durante la fase de transporte.

- ■ Verdadero
- ■ Falso

c. La limpieza del vehículo se realiza solo con agua caliente.

- ■ Verdadero
- ■ Falso

2. ¿Cuál de las siguientes afirmaciones no es una precaución de la preparación para el transporte?

a. Establecer un itinerario detallado desde el lugar de carga.
b. Se debe realizar la limpieza del vehículo.
c. Es necesario renovar el agua regularmente para evitar contaminaciones.
d. Acondicionar el vehículo adecuadamente para el transporte de ganado ovino y caprino.

3. ¿Cuál de las siguientes acciones no es una recomendación en la fase de carga?

a. Construir un muelle de carga o habilitar una zona específica para ello.
b. Evitar cargar ovejas tres semanas antes de la fecha esperada del parto.

c. Usar picas eléctricas.
d. Asegurarse de que los animales tengan libertad de movimiento y la cabeza en erguida para garantizar la ventilación en el interior.

4. De las siguientes frases, indica cuál es verdadera o falsa:

a. Uno de los peligros durante el transporte son las temperaturas extremas.

- Verdadero
- Falso

b. Los puntos críticos durante la descarga para el personal son caídas, golpes, accidentes, heridas y lesiones.

- Verdadero
- Falso

c. Los puntos críticos durante la limpieza y desinfección para el animal son contraer enfermedades o contagiarlas.

- Verdadero
- Falso

5. ¿Qué documentación debe llevarse e indicar durante el transporte?

a. Autorización del transportista y del medio de transporte.
b. Origen, lugar, fecha hora de salida, así como el destino previsto, la duración del viaje y propietario de los animales.
c. Documentación sanitaria, documento de movimiento del ganado, plan de contingencia.
d. Todas las opciones son correctas.

Prevención de riesgos laborales

Contenido

Objetivos

El objetivo general de esta Unidad de Aprendizaje es:

→ Conocer los aspectos más relevantes para identificar, evaluar y controlar los riesgos presentes en el entorno laboral, teniendo en cuenta la prevención de riesgos laborales.

Los objetivos específicos de esta Unidad de Aprendizaje son:

→ Concienciar sobre la importancia de la seguridad y de la salud en el trabajo.

→ Identificar los diferentes tipos de riesgos laborales que pueden estar presentes en el lugar de trabajo y prevenirlos.

1. Introducción

La gestión de riesgos laborales es un aspecto fundamental en cualquier entorno laboral, ya que busca proteger la seguridad y la salud de los trabajadores. Los riesgos laborales se refieren a las situaciones o condiciones que pueden causar daño, lesión o enfermedad a los empleados durante el ejercicio de sus funciones.

En este contexto, la prevención de riesgos laborales se convierte en una prioridad tanto para los empleadores como para los trabajadores, ya que permite identificar, evaluar y controlar los posibles peligros y riesgos asociados a las tareas y condiciones de trabajo.

Para abordar estos riesgos de manera efectiva es necesario identificar, evaluar y controlar los peligros presentes en el lugar de trabajo, así como implementar medidas preventivas adecuadas.

Una adecuada gestión de riesgos laborales implica la implementación de medidas preventivas, la formación y el entrenamiento de los trabajadores, así como el cumplimiento de la normativa legal vigente en materia de seguridad y salud laboral.

En este sentido, es importante reconocer y entender los diferentes tipos de riesgos laborales que pueden estar presentes en cada actividad laboral, desde los riesgos físicos y químicos hasta los riesgos ergonómicos y psicosociales.

Para ello, nos vamos a basar en el caso de los tres hermanos, Santiago, Juan y María, que han contratado a una gestora externa para llevar gestionar la prevención de riesgos laborales.

2. Prevención de riesgos laborales

 **HILO CONDUCTOR**

Los tres hermanos, Santiago, Juan y María, han contratado a una gestora externa que se encargará de la prevención.

Continúa en página siguiente >>

<< Viene de página anterior

La gestora los ha reunido, junto con sus trabajadores, para impartirles una formación de prevención de riesgos laborales. Les ha indicado cuáles son los principales riesgos y cuáles son las medidas de prevención y protección, junto con los equipos de protección individual, además de indicarles las obligaciones de los trabajadores y los empresarios, y mostrarles cuáles son las normativas actualmente vigentes.

2.1. Marco normativo

La Ley 31/1995, de 8 de noviembre, de Prevención de Riesgos Laborales (PRL) define riesgo laboral como la posibilidad de que un trabajador sufra un determinado daño derivado del trabajo.

Las medidas preventivas y los elementos de protección de los trabajadores vienen descritos en las principales normativas, tanto a nivel europeo como a nivel nacional, de este modo se destacan:

Normativa europea:

- La Directiva 89/391/CEE, del Consejo, de 12 de junio de 1989, relativa a la aplicación de medidas para promover la mejora de la seguridad y de la salud de los trabajadores en el trabajo.
- La Directiva 89/656/CEE, del Consejo, de 30 de noviembre de 1989, relativa a las disposiciones mínimas de seguridad y de la salud para la utilización por los trabajadores en el trabajo de equipos de protección individual.

Normativa nacional (España):

- Real Decreto 990/2022, de 29 de noviembre, sobre normas de sanidad y protección animal durante el transporte.
- Real Decreto 638/2019, de 8 de noviembre, por el que se establecen las condiciones básicas que deben cumplir los centros de limpieza y desinfección de los vehículos dedicados al transporte por carretera de animales vivos, productos para la alimentación de animales de producción y subproductos de origen animal no destinados al consumo humano, y se crea el Registro nacional de centros de limpieza y desinfección.
- Real Decreto de 1299/2006, de 10 de noviembre, por el que se aprueba el cuadro de enfermedades profesionales en el sistema de

la Seguridad Social y se establecen criterios para su notificación y registro.

☛ Real Decreto 1215/1997, de 18 de julio, por el que se establecen las disposiciones mínimas de seguridad y salud para la utilización por los trabajadores de los equipos de trabajo.

☛ Real Decreto 773/1997, de 30 de mayo, sobre disposiciones mínimas de seguridad y salud relativas a la utilización por los trabajadores de equipos de protección individual.

☛ Real Decreto 486/1997, de 14 de abril, por el que se establecen las disposiciones mínimas de seguridad y salud en los lugares de trabajo.

☛ Real Decreto 485/1997, de 14 de abril, sobre disposiciones mínimas en materia de señalización de seguridad y salud en el trabajo.

☛ Real Decreto 39/1997, de 17 de enero, por el que se aprueba el Reglamento de los Servicios de Prevención.

☛ Ley 54/2003, de 12 de diciembre, de reforma del marco normativo de la prevención de riesgos laborales.

☛ Ley 31/1995, de 8 de noviembre, de Prevención de Riesgos Laborales.

La ley de PRL marca la base para cumplir y hacer cumplir, sobre todo por parte de las empresas, el plan de prevención de riesgos laborales y la puesta en práctica de las medidas necesarias para minimizar la incidencia de los posibles riesgos laborales existentes.

Por ello, los trabajadores deben tomar medidas como usar correctamente los equipos y las máquinas, usar correctamente los equipos de protección individual (EPI), lavarse las manos y la cara, enjabonándose correctamente procediendo a una higiene completa. Pero no solo los trabajadores deben cumplir con las obligaciones marcadas en la ley de PRL, sino que las empresas también tienen están obligadas a planificar la actividad preventiva, evaluar los posibles riesgos, formar a los trabajadores y darles los EPI necesarios.

DEFINICIÓN

Accidente laboral
Es toda lesión corporal que el trabajador sufre con ocasión o por consecuencia del trabajo que ejecute por cuenta ajena.

Enfermedad profesional
Es la contraída a consecuencia del trabajo ejecutado por cuenta ajena produciendo una alteración de la salud.

2.2. Riesgos profesionales

Los riesgos profesionales o laborales son aquellos que un trabajador puede sufrir, de esta manera, el riesgo laboral es la posibilidad de que un daño ocurra durante la acción laboral.

La prevención es el conjunto de actividades o medidas existentes en todas las fases de la actividad de la empresa con el objetivo de evitar o disminuir los riesgos derivados del trabajo.

Los principales factores de riesgo son:

- **Físicos.** Los factores de riesgo físicos son aquellos derivados del ruido, la vibración, las condiciones térmicas y otros riesgos como el manejo manual de las cargas, el uso de la electricidad o los relacionados con el uso del tractor. Pueden provocar sordera, dolores de cabeza y extremidades, quemaduras, cáncer de piel, esguinces, lesiones, fracturas y hasta la muerte según el riesgo asociado.
- **Químicos.** Los factores de riesgo químicos son los procedentes de los productos necesarios en la agricultura tales como los fitosanitarios y los fertilizantes o abonos. Pueden provocar intoxicaciones por contacto, por inhalación o por ingestión, además de reacciones alérgicas, asfixias, quemaduras, así como afectar a los animales y al medio ambiente.
- **Biológicos.** Los factores de riesgo biológicos incluyen el contacto con agentes biológicos presentes en el medio de trabajo, como microorganismos patógenos y partículas orgánicas. Estos riesgos surgen al interactuar con animales, productos fitosanitarios, biocidas y emisiones de gases. Pueden causar asfixia, enfermedades respiratorias, oculares, zoonosis y lesiones por mordeduras o picaduras de animales.
- **Organizativos.** Los factores organizativos pueden ser riesgos por sí mismos y también influir en otros riesgos laborales. En cualquier trabajo, la organización es crucial para el bienestar del trabajador. Las alteraciones psicológicas relacionadas con la organización del trabajo son una causa importante de incapacidad laboral. Algunos de los factores de riesgo son el ritmo de trabajo, la estabilidad laboral, la comunicación o la participación en la empresa. Tiene como posibles consecuencias el estrés, la fatiga, la falta de atención, la depresión, la disminución de la productividad o el absentismo laboral entre otros.
- **Asociados al transporte.** Los factores de riesgo asociados al transporte se pueden dar en cualquiera de sus fases, desde la preparación al transporte, la preparación para la carga, la carga, el transporte, la descarga, hasta la limpieza y desinfección del vehículo. Pueden provocar estrés, falta de comodidad de los animales, huidas de los mismos, golpes, magulladuras, lesiones en extremidades, enfermedades y lesiones en animales, intoxicación por productos de limpieza, etc.

2.3. Medidas de prevención y protección

Las medidas de prevención y protección son aquellas medidas que se deben tomar para evitar o minimizar al máximo los posibles riesgos existentes en los lugares de trabajo. Así, se distinguen las siguientes medidas para los distintos riesgos:

- **Físicos.** Se deben tomar medidas como minimizar la acción de ruido de las máquinas y motores, disminuir el tiempo de exposición a máquinas, revisar piezas, establecer turnos de trabajo, usar ropa y calzado adecuado y antideslizante, manejar las cargas correctamente, aislar partes eléctricas, revisión del tractor al día y un uso correcto de los EPI.
- **Químicos.** Se deben tomar medidas como el correcto almacenaje de los productos químicos, no fumar, comer o beber durante su uso, evitar las fuentes de calor cercanas, usar correctamente los productos químicos siguiendo las indicaciones del etiquetado y un uso correcto de los EPI.
- **Biológicos.** Se deben tomar medidas como usar los productos en zonas bien ventiladas, almacenarlos correctamente, disponer de lavabos, duchas, pasos sanitarios y desinfección del personal, así como el correcto uso de los EPI.
- **Organizativos.** Para prevenir los riesgos asociados a los factores organizativos se deben tomar las siguientes medidas preventivas: una buena organización en el trabajo y una correcta incentivación por parte del trabajador a los empleados.
- **Asociados al transporte.** Se deben tomar medidas como tener un buen acceso al muelle de carga con vehículos adaptados al transporte de animales, estar en calma transmitiendo tranquilidad a los animales y organizar a estos por lotes evitando jerarquías, no usar picas durante la carga y disponer de una correcta rampa de acceso al vehículo, conducir suavemente y realizar paradas para alimentar a los animales y uso de EPI entre otras medidas.

Los EPI son equipos destinados a ser llevados o sujetados por el trabajador para que le proteja de los posibles riesgos que amenazan su seguridad o salud durante la realización de su trabajo, así como cualquier accesorio que tenga destinado a tal fin.

Los EPI deben:

- Ser adecuados a los riesgos de los que se protegen sin suponer un riesgo más.
- Responder a las condiciones del trabajo y cumplir con las exigencias ergonómicas y con la salud de los trabajadores.
- Adecuarse al trabajador tras los ajustes necesarios.
- Estar homologados.

El empresario está obligado a:

- Proporcionarlos gratuitamente.
- Exigir su uso.
- Informar a los operarios sobre los riesgos que se van a proteger.
- Enseñar a los operarios su uso y mantenimiento.

Los elementos de protección existentes son:

- Protectores de la cabeza.
- Protectores del oído.
- Protectores de los ojos y cara.
- Protección de las vías respiratorias.
- Protectores de pies y piernas.
- Protectores de la piel.
- Protectores del tronco y del abdomen.
- Protección total del cuerpo.

Ejemplo de equipos de protección individual

 **TAREA 5**

En la granja de Santiago, dedicada a la cría de ganado caprino, Carlos es el responsable de alimentar a los animales, limpiar los corrales y realizar otras tareas relacionadas con el cuidado de los animales. Un día, mientras está limpiando uno de los corrales, Carlos resbala en una zona mojada y se cae, golpeándose

Continúa en página siguiente >>

<< Viene de página anterior

la cabeza contra el suelo. Afortunadamente, no sufre lesiones graves, pero este incidente destaca la importancia de identificar y prevenir los riesgos laborales en la granja. ¿Cuáles son los riesgos laborales que se pueden identificar y qué medidas de prevención y protección debería de tomar?

 ## ACTIVIDAD COMPLEMENTARIA

3. Busca información sobre la reanimación cardiopulmonar en caso de accidente grave de un trabajador y este necesite un masaje cardiaco de urgencia. A continuación, indica cuáles son los pasos a seguir para realizar el masaje cardiaco.

----

3. Resumen

La Ley 31/1995, de 8 de noviembre, de Prevención de Riesgos Laborales (PRL) es la principal normativa a nivel nacional para tener en cuenta los riesgos laborales en la empresa.

Los riesgos profesionales o laborales son aquellos que un trabajador puede sufrir; de esta manera, el riesgo laboral es la posibilidad de que un daño ocurra durante la acción laboral. Los principales factores de riesgo son físicos, químicos, biológicos, organizativos y asociados al transporte.

Las medidas de prevención y protección son aquellas medidas que se deben tomar para evitar o minimizar al máximo los posibles riesgos existentes en los lugares de trabajo.

Los EPI son equipos destinados a ser llevados o sujetados por el trabajador para que le proteja de los posibles riesgos que amenazan su seguridad o salud durante la realización de su trabajo.

Ejercicios de autoevaluación
Unidad de Aprendizaje 5

1. ¿Cuál de las siguientes normativas no es a nivel nacional?

   a. La Directiva 89/656/CEE, del Consejo, de 30 de noviembre de 1989, relativa a las disposiciones mínimas de seguridad y salud para la utilización por los trabajadores en el trabajo de equipos de protección individual.

   b. Ley 31/1995, de 8 de noviembre, de Prevención de Riesgos Laborales.

   c. Real Decreto 773/1997, de 30 de mayo, sobre disposiciones mínimas de seguridad y de la salud relativas a la utilización por los trabajadores de equipos de protección individual.

   d. Real Decreto de 1299/2006, de 10 de noviembre, por el que se aprueba el cuadro de enfermedades profesionales en el sistema de la Seguridad Social y se establecen criterios para su notificación y registro.

2. ¿Qué tipo de riesgo supone el uso de fitosanitarios?

   a. Biológico
   b. Físico
   c. Organizativo
   d. Químico

3. De las siguientes frases, indica cuál es verdadera o falsa:

   a. Los riesgos profesionales o laborales son aquellos que un trabajador puede sufrir, de esta manera, el riesgo laboral es la posibilidad de que un daño ocurra durante la acción laboral.

     ■ Verdadero
     ■ Falso

   b. La prevención es el conjunto de actividades o medidas existentes en todas las fases de la actividad de la empresa con el objetivo de evitar o disminuir los riesgos derivados del trabajo.

     ■ Verdadero
     ■ Falso

c. Los EPI son equipos destinados a ser llevados o sujetados por el trabajador para que le proteja de los posibles riesgos que amenazan su seguridad o salud durante la realización de su trabajo, así como cualquier accesorio que tenga destinado a tal fin.

- ■ Verdadero
- ■ Falso

4. De las siguientes frases, indica cuál es verdadera o falsa:

a. Los factores de riesgo asociados al transporte se dan solo durante las fases de carga, transporte y descarga.

- ■ Verdadero
- ■ Falso

b. Para prevenir los riesgos asociados a los factores organizativos se deben tomar medidas como una buena organización en el trabajo y una correcta incentivación por parte del trabajador a los empleados.

- ■ Verdadero
- ■ Falso

c. Los factores de riesgo biológicos pueden causar asfixia, enfermedades respiratorias, oculares, zoonosis y lesiones por mordeduras o picaduras de animales.

- ■ Verdadero
- ■ Falso

5. ¿Qué características deben cumplir los EPI?

a. Ser adecuados a los riesgos de los que se protegen sin suponer un riesgo más.
b. Responder a las condiciones del trabajo y cumplir con las exigencias ergonómicas y de la salud de los trabajadores y estar homologados.
c. Adecuarse al trabajador tras los ajustes necesarios.
d. Todas las opciones son correctas.

Glosario

Accidente laboral
Es toda lesión corporal que el trabajador sufre como consecuencia del trabajo que ejecute por cuenta ajena.

Calificación sanitaria
Se refiere a la evaluación oficial del estado sanitario de una instalación, como un cebadero o una explotación ganadera, realizada por las autoridades competentes.

Calostro
Primera leche que da la hembra después de parir. Rica en nutrientes, anticuerpos y factores de crecimiento, esta leche es fundamental para el desarrollo inicial del sistema inmunológico de las crías.

Carga ganadera
Cantidad de animales que pueden ser mantenidos en una determinada área de tierra de manera sostenible y saludable.

Centro de tipificación
Explotación donde se reciben animales, se clasifican o seleccionan en lotes según peso, sexo, raza y conformación, y donde se preparan para su destino, ya sea el sacrificio, el engorde (cebadero), o bien la exportación en vivo.

Contaminación biológica
Es aquella provocada por bacterias, virus, parásitos y otros organismos causantes de enfermedades.

Cuaderno de a bordo u hoja de ruta
Documento que debe acompañar al conductor del vehículo para registrar datos importantes relacionados con el transporte de los animales.

Enfermedad profesional
La contraída a consecuencia del trabajo ejecutado por cuenta ajena produciendo una alteración de la salud.

Índice de condición corporal
Se trata de una medida que evalúa la cantidad de grasa y músculo presente en el cuerpo de un animal, generalmente en relación con su peso y tamaño.

Lactoreemplazante
Alimento que se utiliza para sustituir la alimentación líquida con leche materna. Obtenido a partir de subproductos de industrias lácteas.

Lazareto
Lugar o espacio de la explotación dedicado al alojamiento de animales que, por razones sanitarias, han sido separados de otros animales para poder realizar aquellos tratamientos y cuidados especiales necesarios para la recuperación de estos.

Lote
Grupo de animales reunidos en base a diferentes características (morfológicas, de edad, de sexo, etc.) para su alojamiento en grupo.

Mastitis
Inflamación del tejido mamario que puede implicar una infección.

Micotoxina
Son sustancias tóxicas producidas por ciertos hongos que pueden contaminar los alimentos y piensos.

Paridera
Instalación diseñada para el parto y el cuidado de las hembras preñadas y recién paridas en la cría de ganado.

Pienso
Cualquier sustancia o producto, incluidos los aditivos, destinado a la alimentación por vía oral de los animales, pudiendo haber sido transformado entera o parcialmente.

Riesgo laboral
Posibilidad de que un trabajador sufra un determinado daño derivado del trabajo.

Sala de ordeño
Instalación diseñada específicamente para el proceso de extracción de la leche de las ubres de los animales destinados a la producción de leche.

Transporte
El desplazamiento de animales efectuado en uno o varios medios de transporte, así como las operaciones conexas, incluidos la carga, la descarga, el

transbordo y el descanso, hasta la descarga final de los animales en el lugar de destino.

Trazabilidad
Capacidad de rastrear y seguir el movimiento de un producto a lo largo de toda la cadena de suministro, desde su origen hasta su destino final.

Zoonosis
Son aquellas enfermedades que se transmiten de los animales al ser humano y viceversa.

Bibliografía

Monografías

→ GONZÁLEZ Romero, J.: *MF0006_2: Instalaciones, maquinaria y equipos de la explotación ganadera*. Antequera: IC Editorial, 2015.

Lectura recomendada para conocer las instalaciones, la maquinaria y los equipos de la explotación ganadera, así como los riesgos laborales asociados al sector ganadero.

→ GONZÁLEZ Romero, J.: *UF0387: Técnicas de cultivo*. Antequera: IC Editorial, 2016.

Lectura recomendada para conocer las técnicas de cultivo y los riesgos laborales asociados al sector agrícola.

→ VV. AA.: *Bases de la producción animal*. Sevilla: Universidad de Sevilla, 2003.

Lectura recomendada para conocer las bases de la producción animal con un enfoque práctico y que interrelaciona todos los factores productivos sobre las bases de la ganadería.

→ VV. AA.: *Sistemas de producción animal*. Sevilla: Universidad de Sevilla, 2006.

Lectura recomendada para conocer los diferentes sistemas de producción animal, los diferentes sistemas ganaderos y los aspectos técnicos más relevantes para mejorar la explotación ganadera con un enfoque práctico.

Textos electrónicos, bases de datos y programas informáticos

→ Guías de prácticas correctas de higiene: vacuno de cebo, de: <https://www.mapa.gob.es/es/ganaderia/publicaciones/ASOPROVAC_tcm30-103527.pdf>.

Guía práctica elaborada por el Ministerio de Agricultura, Pesca y Alimentación para conocer en profundidad todos los detalles de las prácticas de higiene en el vacuno de cebo.

→ Guías de prácticas correctas de higiene: caprino de carne y leche, de: <https://www.mapa.gob.es/es/ganaderia/publicaciones/CCAECAPRINO_tcm30-105307.pdf>.

> Guía práctica elaborada por el Ministerio de Agricultura, Pesca y Alimentación para conocer en profundidad todos los detalles de las prácticas de higiene en el sector caprino de carne y leche.

→ Guía de buenas prácticas para el transporte de ganado ovino y caprino, de: <https://www.icoval.org/es/2-Todo-guias-APPCC/2214-Guia-de-buenas-practicas-en-el-transporte-de-ganado-ovino-y-caprino.htm>.

> Guía práctica elaborada por la organización Interprofesional de la carne de ovino y caprino para conocer en profundidad todos los detalles necesarios durante el transporte del ganado ovino y caprino.

→ Guías de prácticas correctas de higiene: vaca nodriza, de: <https://www.mapa.gob.es/es/ganaderia/publicaciones/INVAC_tcm30-103526.pdf>.

> Guía práctica elaborada por el Ministerio de Agricultura, Pesca y Alimentación para conocer en profundidad todos los detalles de las prácticas de higiene en las vacas nodrizas.